Sapana Kumari
Diwakar Padalia

Strukturelle und dielektrische Eigenschaften von Bariumtitanat

Sapana Kumari
Diwakar Padalia

Strukturelle und dielektrische Eigenschaften von Bariumtitanat

Band 1 Wirkung der Cerium-Dotierung

ScienciaScripts

Imprint

Any brand names and product names mentioned in this book are subject to trademark, brand or patent protection and are trademarks or registered trademarks of their respective holders. The use of brand names, product names, common names, trade names, product descriptions etc. even without a particular marking in this work is in no way to be construed to mean that such names may be regarded as unrestricted in respect of trademark and brand protection legislation and could thus be used by anyone.

Cover image: www.ingimage.com

This book is a translation from the original published under ISBN 978-620-7-47457-8.

Publisher:
Sciencia Scripts
is a trademark of
Dodo Books Indian Ocean Ltd. and OmniScriptum S.R.L publishing group

120 High Road, East Finchley, London, N2 9ED, United Kingdom
Str. Armeneasca 28/1, office 1, Chisinau MD-2012, Republic of Moldova, Europe
Printed at: see last page
ISBN: 978-620-7-38923-0

Copyright © Sapana Kumari, Diwakar Padalia
Copyright © 2024 Dodo Books Indian Ocean Ltd. and OmniScriptum S.R.L publishing group

Dedizierte
zu
Meine Eltern Sh. Ramkishan und Smt. Santosh Devi.

Inhaltsverzeichnis

Kapitel 1 Einleitung 3

Kapitel 2 Überblick über die Literatur 17

Kapitel 3. Materialien und Methoden 36

Kapitel 4. Ergebnisse und Erörterungen 48

Kapitel 5 Schlussfolgerungen 82

Kapitel-6 Anwendungen 85

Referenzen 87

Kapitel 1 Einleitung

1.1 Keramiken

Keramik ist ein nicht-metallisches, anorganisches Material, das durch Erhitzen und Abkühlen einer Kombination von Mineralien oder anderen anorganischen Substanzen entsteht. Sie sind weithin bekannt für ihre Festigkeit, Härte und Widerstandsfähigkeit gegen Verschleiß, Korrosion und hohe Temperaturen im Allgemeinen. Keramische Materialien werden für eine Vielzahl von Zwecken verwendet, von Töpferwaren und ästhetischen Artefakten bis hin zu industriellen High-Tech-Materialien. Pressen, Strangpressen, Gießen und Sintern sind einige der Verfahren, mit denen keramische Materialien behandelt werden. Diese Verfahren können zur Herstellung einer Vielzahl von Formen und Größen verwendet werden, von mikroskopisch kleinen elektronischen Bauteilen bis hin zu riesigen Strukturbauteilen für Geräte. Einige Materialien können auch mit anderen Materialien beschichtet werden, um ihre Eigenschaften zu verbessern, z.B. mit einer dünnen Metallschicht, um die elektrische Leitfähigkeit zu erhöhen.

Keramische Materialien werden in zwei Kategorien eingeteilt: konventionelle Keramik und Hochleistungskeramik. Aus Ton und anderen natürlichen Mineralien wird herkömmliche Keramik hergestellt, die in Anwendungen wie Töpferwaren, Ziegel und Fliesen verwendet wird. Hochleistungskeramik hingegen wird aus synthetischen Materialien hergestellt und speziell für High-Tech-Anwendungen entwickelt. Zu den Hochleistungskeramiken gehören Siliziumnitrid, Aluminiumoxid, Zirkoniumdioxid und Bariumtitanat. Bariumtitanat ($BaTiO_3$) ist eine anorganische Substanz mit der chemischen Formel $BaTiO_3$. Bariumtitanat ist eine Keramik mit einer komplizierten Kristallstruktur, die aus kubischen, tetragonalen und rhomboedrischen Phasen besteht. Es verfügt über ferroelektrische Eigenschaften. Aufgrund seiner bemerkenswerten Eigenschaften und seiner vielversprechenden Einsatzmöglichkeiten in Branchen wie der Elektronik, der Telekommunikation und der Energiespeicherung ist es seit den 1950er Jahren Gegenstand intensiver Forschung. In den 1960er Jahren wurde es bei der Erfindung dielektrischer Kondensatoren und piezoelektrischer Wandler eingesetzt, und auch heute noch wird es häufig in verschiedenen elektronischen Geräten wie Mikrofonen, Lautsprechern und Sensoren verwendet. Die Ausgangsmaterialien für Bariumtitanat-Keramik sind in der Regel Bariumcarbonat ($BaCO_3$) und Titandioxid (TiO_2), die in einem Mörser zu einem glatten und feinen Pulver vermischt und dann mehrere Stunden lang in einem Ofen bei hohen Temperaturen (1000-1400°C) erhitzt werden. Die so entstandenen Partikel werden zu einem feinen Pulver zermahlen und in die gewünschte Form und Größe gepresst, bevor sie bei hohen Temperaturen zu einer dicken, festen Keramik gesintert werden. Aufgrund seiner potenziellen Verwendung in Energiespeichern wie Kondensatoren und Batterien ist Bariumtitanat im letzten Jahrzehnt Gegenstand faszinierender Studien gewesen. Die Verwendung von Bariumtitanat in der Technologie des ferroelektrischen Direktzugriffsspeichers (FeRAM), einer Speicherart, die die Hochgeschwindigkeitsleistung des dynamischen Direktzugriffsspeichers (DRAM) mit der Unveränderlichkeit des Flash-Speichers kombiniert, macht sie zu einer attraktiven Alternative für zahlreiche Computeranwendungen. Bariumtitanat kann auf eine lange Geschichte der Erforschung und Entwicklung zurückblicken, und seine einzigartigen Eigenschaften machen es nach wie vor zu einem brauchbaren Material für eine Vielzahl von industriellen Anwendungen. Die Dichte von Bariumtitanat liegt bei etwa 5,85 g/cm3, was es zu einem relativ dichten Material macht. Der Schmelzpunkt von Bariumtitanat liegt bei 1620°C. Die niedrige Wärmeleitfähigkeit von Bariumtitanat macht es für isolierende Anwendungen geeignet. Es hat eine Dielektrizitätskonstante von ca. 1200, was es zu einem guten Isolator für elektronische Anwendungen macht. Bariumtitanat hat auch piezoelektrische Eigenschaften. Im sichtbaren und nahen infraroten Bereich des elektromagnetischen Spektrums ist es transparent, im fernen infraroten Bereich wird es jedoch undurchsichtig. Mit Hilfe von Verarbeitungsmethoden wie der Dotierung mit verschiedenen Elementen, der Steuerung der Korngröße und der Mikrostruktur sowie der Änderung der Sinterbedingungen können die Eigenschaften von Bariumtitanat eingestellt werden. Bariumtitanat-Keramik eignet sich für eine Vielzahl von Anwendungen, darunter Kondensatoren, Sensoren, Aktuatoren und piezoelektrische Geräte. Keramiken aus Bariumtitanat haben einige Nachteile, wie zum Beispiel hohe Verarbeitungstemperaturen. Geringe mechanische Festigkeit und unzureichende Beständigkeit gegen Hitzeschocks. Durch die Anwendung neuartiger Zusatzstoffe und verschiedener Herstellungsmethoden hat man sich darauf konzentriert, die mechanischen Eigenschaften des Materials zu verbessern. Bariumtitanat hat eine Perowskit-Struktur, eine kubische Kristallform, die aus über Eck angeordneten TiO_6 Oktaedern und BaO_{12} Polyedern besteht. $BaTiO3$ hat bei Raumtemperatur eine tetragonale Kristallstruktur. Durch ein externes elektrisches Feld kann die Polarisierung der c-Achse dieser Struktur verändert werden. Die strukturellen Eigenschaften von Bariumtitanat sind stark temperaturabhängig. Die Substanz erfährt mit steigender Temperatur zahlreiche Phasenübergänge, die die Kristallstruktur und die Eigenschaften verändern. Bei Temperaturen unter 120°C tritt Bariumtitanat in der tetragonalen Phase mit einem c/a-Verhältnis größer als i auf. Es geht in eine kubische Phase mit einem c/a-Verhältnis von 1 über, wenn die Temperatur zwischen 120 und 400 Grad Celsius liegt. Bei Temperaturen zwischen 400°C und 1050°C vollzieht sich ein zweiter Phasenübergang in eine tetragonale Phase mit einem c/a-Verhältnis kleiner als 1. Schließlich kehrt es bei Temperaturen über 1050°C in eine kubische Phase zurück. Bariumtitanat ist ein begehrtes Material für eine Vielzahl von technologischen Anwendungen, da sich seine dielektrischen und piezoelektrischen Eigenschaften mit den Phasenübergängen ändern. So ist die tetragonale Phase von Bariumtitanat für Anwendungen vorteilhaft, weil sie einen höheren piezoelektrischen Koeffizienten und eine höhere Dielektrizitätskonstante aufweist.

1.2 Perowskit-Struktur

Eine besondere Kristallstruktur, die häufig in vielen verschiedenen Materialien vorkommt, ist die Perowskit-Struktur. Sie erhielt die gleiche Kristallstruktur wie das Mineral Perowskit, nach dem sie benannt wurde. In der Materialwissenschaft werden Perowskit-Strukturen ausgiebig erforscht und verwendet, insbesondere in den Bereichen Festkörperphysik und Chemie. Die Grundformel für eine Perowskitstruktur lautet 'ABO3', wobei 'A' in der Regel ein größeres Kation (positiv geladenes Ion), 'B' ein kleineres Kation und 'O' ein Anion (negativ geladenes Ion) ist. Das dreidimensionale Netzwerk aus über Eck angeordneten BX_6-Oktaedern, das das Gerüst der Perowskit-Struktur bildet, ist ihr bestimmendes Merkmal. In den Lücken zwischen diesen Oktaedern befinden sich die A-Kationen. Diese Konfiguration führt zu einer Vielzahl von faszinierenden Eigenschaften und Fähigkeiten von Perowskit-Materialien. Das Mineral Perowskit mit der chemischen Formel CaTiO3 ist die bekannteste Art von Perowskit. Trotzdem wird der Name "Perowskit" häufiger verwendet, um eine Klasse von Substanzen zu beschreiben, die unabhängig von der genauen chemischen Zusammensetzung die gleiche Kristallstruktur aufweisen. Aufgrund ihrer herausragenden Eigenschaften und Einsatzmöglichkeiten haben Perowskit-Materialien in letzter Zeit großes Interesse auf sich gezogen. Aufgrund ihrer einzigartigen und anpassungsfähigen

Eigenschaften haben Keramiken auf Perowskit-Basis in der Forschung und Entwicklung in einer Vielzahl wissenschaftlicher und technischer Disziplinen große Beachtung gefunden. Hier sind einige der bemerkenswertesten Forschungsbereiche, die Perowskit-basierte Keramiken betreffen:

Piezoelektrische und ferroelektrische Materialien: Die ferroelektrischen und piezoelektrischen Eigenschaften von Perowskit-Keramiken wie Bariumtitanat ($BaTiO3$) und Blei-Zirkonat-Titanat (PZT) wurden umfassend erforscht. Forscher untersuchen innovative Zusammensetzungen und Verarbeitungsmethoden, um die Leistung dieser Materialien für den Einsatz in Sensoren, Aktoren und Energiegewinnungssystemen zu verbessern.

Energiespeicherung und Kondensator: Perowskit-Keramiken werden zur Herstellung von dielektrischen Materialien mit hoher Kapazität für Kondensatoren verwendet, die in der Energiespeicherung und in Kondensatoren eingesetzt werden. Die laufende Forschung zielt darauf ab, die Energiespeicherkapazität zu verbessern, die dielektrischen Verluste zu verringern und Materialien für neue Kondensatortechnologien herzustellen.

Thermoelektrische Materialien: Einige Keramiken auf Perowskit-Basis haben faszinierende thermoelektrische Eigenschaften, die Wärme in Strom umwandeln und umgekehrt. Forscher suchen nach neuen Materialien und Möglichkeiten, die thermoelektrische Effizienz von Perowskit-Keramiken für die Rückgewinnung von Abwärme und die Stromerzeugung zu verbessern.

Festoxid-Brennstoffzellen (SOFCs): Perowskit-Keramiken, wie Yttrium-stabilisiertes Zirkoniumdioxid (YSZ) und Lanthan-Strontium-Manganit (LSM), sind Schlüsselkomponenten in Hochtemperatur-Festoxid-Brennstoffzellen. Laufende Forschungsarbeiten zielen darauf ab, die Effizienz, Stabilität und Haltbarkeit von SOFCs für eine nachhaltige Energieerzeugung zu erhöhen.

Multiferroika: Multiferroische Perowskit-Materialien haben sowohl ferroelektrische als auch magnetische Eigenschaften. Das Ziel dieser Forschung ist es, neuartige Materialien zu finden und mögliche Anwendungen für Datenspeicherung, Sensoren und multifunktionale Geräte zu untersuchen.

Supraleiter: Einige Perowskit-Materialien, wie Yttrium-Barium-Kupfer-Oxid (YBCO), sind Hochtemperatur-Supraleiter. Die derzeitige Forschung zielt darauf ab, neuartige Hochtemperatur-Supraleiter auf der Basis von Perowskit-Strukturen zu identifizieren und deren Einsatz in der Energieübertragung und der medizinischen Bildgebung zu entwickeln.

Photovoltaik: Perowskit-Solarzellen haben sich in der Photovoltaik als mögliche Alternative zu herkömmlichen Solarzellen auf Siliziumbasis herauskristallisiert. Das Ziel dieser Forschung ist es, die Effizienz, Stabilität und Skalierbarkeit der Perowskit-Solarzellentechnologie zu verbessern.

Katalyse: Katalysatoren auf Perowskit-Basis werden für den Einsatz in der Umweltsanierung erforscht, z. B. für Katalysatoren für Autos und die Erzeugung von grünem Wasserstoff durch Wasserspaltung.

Quantenmaterialien: Perowskit-Strukturen werden auf ihr Potenzial für das Quantencomputing und die Quantenmaterialforschung untersucht. Die Forscher befassen sich mit ihren einzigartigen elektrischen Eigenschaften und der Entstehung neuer Quantenphasen.

Hochtemperatur-Materialien: Hervorragende thermisch stabile Perowskit-Keramiken werden für den Einsatz in rauen Situationen erforscht, wie z.B. in der Luft- und Raumfahrt, wo die Materialien hohen Temperaturen und mechanischen Belastungen standhalten müssen.

Licht emittierende Dioden (LEDs): Perowskit-LEDs haben eine hohe Farbreinheit und Effizienz gezeigt, was sie für Beleuchtungs- und Displaytechnologien attraktiv macht.

Sensorik: Sensoren auf Perowskit-Basis werden auf ihre Empfindlichkeit und Selektivität bei der Abscheidung von Gasen und anderen Substanzen untersucht.

Aufgrund ihres breiten Spektrums an Eigenschaften und möglichen Anwendungen in einer Vielzahl von Branchen, darunter Elektronik, Energie, Materialwissenschaft und Umwelttechnologie, sind Keramiken auf Perowskit-Basis nach wie vor ein fruchtbarer Boden für Studien und Innovationen. Die Forschung auf diesem Gebiet schreitet dank der Verbesserungen bei den Syntheseprozessen, dem Materialdesign und den Charakterisierungsverfahren weiter voran.

1.3 Titanate

Eine Klasse von Substanzen, die als Titanate bekannt sind, enthält solche, die das Sauerstoffion (O_2) mit dem Titanion (Ti^{4+}) verbinden. Sie gehören speziell zur Gruppe der keramischen Materialien und sind eine Untergruppe der größeren Kategorie von Substanzen, die als Metalloxide bekannt sind. Titanate sind aufgrund ihrer einzigartigen

Eigenschaften für eine Vielzahl von Anwendungen wertvoll. Die Entwicklung kreativer elektronischer und elektrokeramischer Materialien beruht in hohem Maße auf den Eigenschaften von Titanaten, wie ihrer hohen Dielektrizitätskonstante, Piezoelektrizität und Ferroelektrizität. Kondensatoren, Sensoren, Messwandler und andere elektronische Geräte verwenden diese Materialien. Es ist jedoch wichtig zu wissen, dass einige Titanate giftige Substanzen wie Blei enthalten können, was Fragen über die Umwelt und die menschliche Gesundheit aufwirft und die Suche nach Ersatzmaterialien mit vergleichbaren Eigenschaften fördert.

1.3.1 Verschiedene Arten von Titanaten

Strontiumtitanat ($SrTiO_3$): Strontiumtitanat hat eine Kristallstruktur vom Perowskit-Typ. Aufgrund seiner großen Bandlücke wird es in verschiedenen elektronischen Komponenten wie Supraleitern, Dielektrika und Varistoren verwendet.

Kaliumtitanat ($K_2 Ti O_{49}$): Es ist bekannt für sein hohes Aspektverhältnis und wird in verschiedenen Anwendungen wie z.b. als verstärkender Füllstoff für Polymere und Keramiken und als Bestandteil von Reibungsmaterialien verwendet.

Bariumtitanat (BaTiO3): Es ist eine ferroelektrische Substanz, die eine spontane elektrische Polarisation aufweist, die in Gegenwart eines externen elektrischen Feldes reversibel ist. Es wird in elektronischen Keramiken, piezoelektrischen Geräten, Wandlern, Kondensatoren und anderen Anwendungen eingesetzt.

Das Verständnis des Verhaltens von Titanaten und ihrer Eignung für verschiedene Anwendungen hängt von ihren strukturellen Eigenschaften ab.

Je nach ihrer chemischen Zusammensetzung können Titanate eine Vielzahl von Kristallformen annehmen. Eine typische Kristallstruktur für Titanate ist die Perowskit-Struktur, die durch eine kubische Einheitszelle mit Titan-Ionen im Zentrum und Sauerstoff-Ionen und anderen Kationen in der Umgebung gekennzeichnet ist. Zwischen den verschiedenen Titanaten kann es Unterschiede in dieser grundlegenden Perowskit-Struktur geben.

1.3.2 Strukturelle und dielektrische Eigenschaften von Titanaten

Titanate besitzen je nach Anordnung und Position der Atome in der Einheitszelle unterschiedliche strukturelle Eigenschaften, die sie für verschiedene Anwendungen in unterschiedlichen Bereichen bestens geeignet machen. Einige der strukturellen, dielektrischen und optischen Eigenschaften sowie Anwendungen werden im Folgenden erläutert.

Gitterkonstanten: Die Abmessungen des Kristallgitters werden durch die Gitterkonstanten beschrieben. Die einzelnen beteiligten Kationen und ihre Ionenradien können die Gitterkonstanten für Perowskit-Titanate beeinflussen. Die Eigenschaften des Materials, wie z.b. sein elektrisches und optisches Verhalten, können durch Änderungen der Gitterkonstanten beeinträchtigt werden.

Phasenübergänge: Die meisten Titanate zeigen bei bestimmten Temperaturen Phasenübergänge. Zum Beispiel treten bei Bariumtitanat (BaTiO$_3$) in Abhängigkeit von der Temperatur ferroelektrische Phasenübergänge auf. Das Verständnis dieser Phasenübergänge ist entscheidend für die Entwicklung von Komponenten wie Kondensatoren und Sensoren.

Dotierung und Substitution: Um die strukturellen Eigenschaften des Gitters zu verändern, müssen andere Ionen in das Gitter eingebracht werden. Die Dotierung eines Materials mit bestimmten Ionen kann zum Beispiel seine optischen Eigenschaften verändern oder seine elektrische Leitfähigkeit verbessern.

Kristallwachstum und Verarbeitung: Das Wachstum und die Verarbeitung von Titanatkristallen können sich auch auf die strukturellen Eigenschaften der Kristalle auswirken. Materialien mit geeigneten Mikrostrukturen und Eigenschaften können durch kontrollierte Verarbeitungstechniken hergestellt werden. Titanate können je nach ihren physikalischen Eigenschaften in zahlreichen Anwendungen eingesetzt werden. Einige der physikalischen Eigenschaften sind...

Die Dichte: Titanate haben eine Reihe von Dichten, die auf ihrer Chemie und Kristallstruktur beruhen. Sie haben oft eine hohe Dichte, was ihre mechanische Festigkeit und Stabilität erhöhen kann. Härte: Titanate haben oft einen hohen Härtegrad, der es ihnen ermöglicht, Verschleiß und Abrieb zu widerstehen. Anwendungen, bei denen es auf Langlebigkeit ankommt, wie z.B. Schneidwerkzeuge und Schleifmittel, profitieren von dieser Eigenschaft.

Schmelzpunkt: Je nach Zusammensetzung können die Schmelzpunkte von Titanaten erheblich variieren. Aufgrund ihrer hohen Schmelzpunkte können bestimmte Titanate in feuerfesten Materialien und anderen Hochtemperaturanwendungen eingesetzt werden.

Wärmeleitfähigkeit: Titanate sind wirksame Wärmeisolatoren, da sie im Allgemeinen eine geringe Wärmeleitfähigkeit haben. Wenn eine Wärmedämmung erforderlich ist, kann diese Eigenschaft hilfreich sein.

Elektrische Leitfähigkeit: Elektrische Leitfähigkeit: Je nach chemischer Zusammensetzung und Kristallstruktur weisen Titanate unterschiedliche elektrische Leitfähigkeiten auf. Strontiumtitanat ($SrTiO_3$) ist ein Titanat, das halbleitende Eigenschaften aufweisen kann. Andere, wie Bariumtitanat ($BaTiO_3$), haben Eigenschaften, die sie als Isolatoren oder ferroelektrische Materialien wertvoll machen.

Dielektrizitätskonstante: Viele Titanate haben eine hohe Dielektrizitätskonstante, die es ihnen ermöglicht, eine große Menge an elektrischer Energie zu speichern, wenn sie einem elektrischen Feld ausgesetzt sind. Die Herstellung von Kondensatoren und anderen elektrischen Komponenten hängt von dieser Eigenschaft ab.

Optische Eigenschaften: Verschiedene Titanate weisen interessante optische Eigenschaften auf. Strontiumtitanat zum Beispiel kann in optischen Anwendungen eingesetzt werden, da es im sichtbaren Spektrum transparent ist. Titanate können auch recht hohe Brechungsindizes aufweisen, was sie für Prismen und optische Linsen nützlich macht.

Magnetische Eigenschaften: Einige Titanate können je nach ihrer Zusammensetzung magnetische Eigenschaften wie Ferromagnetismus oder Antiferromagnetismus aufweisen. Magnetische und spintronische Geräte sind auf diese Materialien angewiesen.

Piezoelektrizität: Viele Titanate sind piezoelektrisch, d.h. sie erzeugen eine elektrische Ladung, wenn sie mechanisch belastet werden oder Vibrationen ausgesetzt sind. Diese Eigenschaft wird in einer Vielzahl von Sensoren, Aktoren und Messwandlern genutzt.

Es ist wichtig zu wissen, dass die besonderen physikalischen Eigenschaften von Titanaten je nach ihrer chemischen Zusammensetzung, ihrer Kristallstruktur und den Verarbeitungsbedingungen stark variieren können. Forscher können diese Eigenschaften auf bestimmte Anwendungen abstimmen, indem sie Titanatmaterialien sorgfältig auswählen oder verändern.

1.4 Dotierungseffekt auf Bariumtitanat

Dotierung kann die Struktur von Bariumtitanat ($BaTiO_3$) drastisch verändern, indem neue Atome in das Kristallgitter eingebracht werden. Der Einschluss von Dotierstoffen kann strukturelle Veränderungen bewirken, die sich wiederum auf die Eigenschaften des Materials auswirken. Im Folgenden finden Sie einige der Auswirkungen der Dotierung auf die Kristallstruktur von Bariumtitanat-

Die Dotierung mit Ionen, die eine andere Größe haben als die Wirtsatome (Barium und Titan), kann im Laufe der Zeit zu einer Verformung des Gitters führen. Die Dotierstoffionen passen möglicherweise nicht richtig in die Kristallstruktur und verursachen eine Gitterdehnung oder -verformung. Diese Verzerrung kann die gesamte Kristallsymmetrie des Materials sowie seine elektrischen und mechanischen Eigenschaften verändern.

Dotierstoffe können die Gitterplätze der Wirtsatome durch Substitutions- oder Interstitialdotierung übernehmen oder besetzen. Bei der interstitiellen Dotierung werden die Dotierstoffatome in den Zwischenräumen des Gitters untergebracht, während bei der substitutionellen Dotierung ein Wirtsatom gegen ein Atom ähnlicher Größe ausgetauscht wird. Sowohl die Gitterparameter als auch die Kristallstruktur können durch beide Formen der Dotierung verändert werden.

Während der Synthese kann sich die Dotierung auf die Korngrenzen und die Kornentwicklung des Materials auswirken. Unterschiedliche Dotierstoffe können zu unterschiedlichen Korngrößen und -orientierungen führen, was sich auf die grundlegenden Eigenschaften des Materials auswirken kann. Bei Bariumtitanat kann die Dotierung Phasenübergänge entweder stimulieren oder verhindern. Reines Bariumtitanat weist beispielsweise bei seiner Curie-Temperatur einen ferroelektrischen Phasenübergang auf. Die Dotierung mit bestimmten Elementen kann die Curie-Temperatur verändern oder sogar andere Phasen mit anderen Kristallstrukturen als der kubischen Perowskit-Struktur stabilisieren, wie tetragonale oder rhomboedrische Phasen. Durch Dotierung können Leerstellen, Fehler oder Verunreinigungen in das Kristallgitter eingebracht werden. Diese Defekte können zu kleinen Unregelmäßigkeiten führen und die mechanischen, thermischen und elektrischen Eigenschaften des Materials beeinträchtigen. Einige Dotierstoffe können im Kristallgitter die Bildung von Sauerstofflöchern verursachen. Es ist bekannt, dass Sauerstoffleerstellen die elektrische Leitfähigkeit und andere Eigenschaften von Bariumtitanat beeinflussen.

Die Dotierung kann die Dielektrizitätskonstante von Bariumtitanat erhöhen und gleichzeitig den dielektrischen Verlust verringern. Dotierstoffe wie Strontium (Sr) oder Kalzium (Ca) können die Dielektrizitätskonstante erhöhen, während die dielektrischen Verluste durch die Beimischung von Cerium (Ce) verringert werden. Diese Verbesserung hat Auswirkungen auf Kondensatoranwendungen, da eine hohe Dielektrizitätskonstante und ein geringer Verlust höhere Energiespeicherkapazitäten ermöglichen. Es verbessert die ferroelektrischen Eigenschaften von Bariumtitanat, wie die Restpolarisation und das Koerzitivfeld. Die Dotierung mit Lanthan (La) und Niob (Nb) kann die Curie-Temperatur erhöhen, so dass es sich am besten für Hochtemperaturanwendungen eignet. Nichtflüchtige Speichergeräte und Sensoren aus ferroelektrischen Materialien. Durch die Dotierung können Ladungsträger in die Substanz gelangen, was zu einer verbesserten ionischen Leitfähigkeit führt. Dies hat Auswirkungen auf Festoxid-Brennstoffzellen und andere elektrochemische Geräte. Die Dotierung kann die optischen Eigenschaften von Bariumtitanat beeinflussen, indem sie seinen Brechungsindex und seine Transparenz in einem breiten Wellenlängenbereich verändert. Die Dotierung des Materials mit Elementen wie Europium (Eu) oder Praseodym (Pr) kann Lumineszenz erzeugen, was es für optoelektronische Geräte nützlich macht. Bestimmte Dotierungen können die optischen und optoelektronischen Eigenschaften von Bariumtitanat beeinflussen, wodurch es sich für den Einsatz in lichtemittierenden Geräten und Photodetektoren eignet.

Piezoelektrisches Verhalten zeigt Bariumtitanat, das mechanische Spannung in elektrische Ladung umwandelt und umgekehrt. Eine Dotierung kann die piezoelektrischen Eigenschaften des Materials verbessern. So kann beispielsweise die Dotierung mit Zirkonium (Zr) oder Blei (Pb) den piezoelektrischen Koeffizienten erhöhen und damit die Empfindlichkeit des Materials bei Sensoranwendungen steigern. Die Dotierung kann sich auch auf die ferro-elastischen Eigenschaften von Bariumtitanat auswirken, insbesondere auf den Übergang zwischen kristallographischen Phasen. Die Dotierung mit Scandium (Sc) oder Yttrium (Y) kann die tetragonale Phase bei Raumtemperatur stabilisieren, was zu verbesserten mechanischen Eigenschaften führt.

1.4.1 Lanthanid-Dotierungseffekt

Der Einbau von Lanthanoid-Ionen in die Kristallstruktur kann zu Veränderungen bei vielen Eigenschaften führen. Cerium (Ce)-Ionen wurden in die Kristallstruktur von Bariumtitanat ($BaTiO_3$) eingearbeitet, um Cer-dotiertes Bariumtitanat ($BaTiO_3$: Ce), eine Form von Keramik, herzustellen. Für eine Vielzahl von Anwendungen, insbesondere in den Bereichen Elektronik und Optoelektronik, wird dieses Dotierungsverfahren eingesetzt, um die Eigenschaften des zugrunde liegenden Materials zu verändern. Unter Dotierung versteht man die absichtliche Zugabe von Verunreinigungen - in diesem

Beispiel Cer-Ionen - zu einer Substanz, um deren Eigenschaften zu verändern. Um die gewünschten Ergebnisse zu erzielen, werden dem Bariumtitanat-Kristallgitter häufig an bestimmten Stellen Cer-Ionen zugesetzt. Die elektrischen und optischen Eigenschaften von Bariumtitanat können durch die Zugabe von Cer-Ionen angepasst werden. Es eignet sich hervorragend für eine Vielzahl von Anwendungen, da es z.B. die Dielektrizitätskonstante, die ferroelektrische Übergangstemperatur und die optischen Eigenschaften verändern kann. Es ist wichtig zu wissen, dass sich die genauen Eigenschaften und Verwendungszwecke von Cer-dotiertem Bariumtitanat je nach der Menge der Cer-Dotierung, den verwendeten Synthesetechniken und dem Verwendungszweck des Materials ändern können. Um den Anforderungen bestimmter Anwendungen gerecht zu werden, versuchen Forscher, die Eigenschaften des Materials zu verändern. Die folgenden Eigenschaften, die nach der Zugabe von La-Ionen gute Ergebnisse zeigen, sind

Strukturelle Eigenschaften- Cerium (Ce) hat einen größeren Einfluss auf die Gitterparameter von Bariumtitanat, was zu einer Verringerung der Gitterkonstanten und einer Erhöhung der Tetragonalität des Materials führt. Dies kann zu einer Verbesserung der ferroelektrischen und piezoelektrischen Eigenschaften von Bariumtitanat führen, wodurch es sich für den Einsatz in Sensoren und Aktoren eignet.

Ferroelektrische Eigenschaften - Die Anreicherung mit Lanthaniden kann die ferroelektrischen Eigenschaften von Bariumtitanat beeinflussen. Die Menge und Konzentration der Lanthanid-Dotierung kann sich auf die Curie-Temperatur (Tc) auswirken, die die Temperatur definiert, bei der das Material einen Phasenübergang von einem ferroelektrischen zu einem paraelektrischen Zustand erfährt. Dieses Phänomen ist sehr nützlich, um den Temperaturbereich von Bariumtitanat für bestimmte Anwendungen anzupassen. Der Einbau von Ce^{3+} Ionen in $BaTiO_3$ führt zu Metalllücken, die das Gitter als Isolator wirken lassen. Wenn Ce^{3+} zu den Ba^{2+}-Stellen hinzugefügt wird, zeigt sich, dass die Curie-Temperatur von $BaTiO_3$ durchgängig reduziert wird; derselbe Parameter zeigt jedoch nur eine minimale Veränderung, wenn Ce^{4+} zu den Ti^{4+}-Stellen hinzugefügt wird. Es wird also deutlich, dass Ce als Ersatz für Ba- und Ti-Stellen verwendet werden kann, und zwar als Ce^{3+} bzw. Ce^{4+}, je nach Ba/Ti-Verhältnis **(Hwang & Han, 2004)**.

Dielektrische Eigenschaften - Die Dotierung mit Lanthaniden kann die Dielektrizitätskonstante und den dielektrischen Verlust von Bariumtitanat verändern. Die

Dielektrizitätskonstante beschreibt die Fähigkeit einer Substanz, elektrische Energie zu speichern, während der dielektrische Verlust die Energieabgabe in Form von Wärme darstellt. Die Dotierung mit Cer kann die Dielektrizitätskonstante von Bariumtitanat ebenfalls erhöhen. Das liegt daran, dass Ce-Ionen einen anderen Valenzzustand haben als Ti- oder Ba-Ionen, was zur Bildung von Sauerstofflücken im Gitter führen kann. Das Vorhandensein dieser Leerstellen kann die Konzentration der freien Ladungsträger und damit die Dielektrizitätskonstante erhöhen. Lanthanid-Dotierstoffe können diese Eigenschaften verändern und das Material für eine Vielzahl von Kondensatoren und elektrischen Anwendungen nützlich machen.

Piezoelektrische Eigenschaften - Bariumtitanat hat piezoelektrische Eigenschaften, d.h. es entwickelt eine elektrische Ladung, wenn es mechanischer Belastung ausgesetzt wird und umgekehrt. Die Dotierung mit Lanthaniden kann die piezoelektrischen Koeffizienten des Materials verändern und so seine Empfindlichkeit und Leistung in Sensoren, Aktoren und Wandlern beeinflussen. Bariumtitanat ist ein hochwirksames ferroelektrisches und piezoelektrisches Material. Bariumtitanat wurde unter Verwendung verschiedener CeO_2 Konzentrationen hergestellt. Anhand der Ergebnisse der strukturellen, optischen und piezoelektrischen Eigenschaften wurde festgestellt, dass der mit Ceroxid dotierte Bariumtitanatfilm das Potenzial hat, ein piezoelektrischer Sensor zu werden **(Ang et al., 2002)**. Untersuchungen der strukturellen und elektrischen Eigenschaften von Cer-dotiertem Wismut-Barium-Titanat zeigten, dass alle erzeugten Proben aus einer einzigen stabilen Phase bestehen. Die Keramik hat eine typische plattenförmige Struktur mit einer deutlichen Verringerung der Korngröße bei steigendem Ce-Dotierungsgrad. Die dielektrischen Eigenschaften der Materialien zeigen ein Relaxor-Verhalten. Mit der Ce-Dotierung wurde ein Anstieg des Gesamtwiderstands beobachtet, und die dotierten Proben wiesen starke isolierende Eigenschaften auf. Im Vergleich zu einem undotierten Titanat weist ein dotiertes Titanat eine verbesserte piezoelektrische Leistung auf (X. Wang et al., 2021). Mikrostruktur und Kornwachstum- Die Dotierung mit Lanthaniden hat das Potenzial, die Mikrostruktur und die Kornentwicklung von Bariumtitanat zu beeinflussen. Die Zugabe von Lanthanidionen kann die Korngröße und die Korngrenzenmerkmale verändern, was die mechanischen und elektrischen Eigenschaften des Materials beeinflussen kann.

Optische Eigenschaften- Die Dotierung mit Lanthaniden kann die optischen

Eigenschaften von Bariumtitanat verändern, einschließlich seines Brechungsindex und seiner Lumineszenz. Dieses Phänomen ist für optoelektronische und photonische Anwendungen sehr nützlich. Lanthanoid-Ionen haben vergleichbare elektrische Strukturen und Valenzelektronenzahlen, aber ihre Atomradien variieren stark aufgrund der Unterschiede in der Anzahl der inneren Elektronen und der effektiven Kernladung. Dieser Unterschied in den Atomradien kann sich auf die Kristallstruktur und die Gitterparameter von Bariumtitanat sowie auf seine elektrischen und optischen Eigenschaften auswirken.

Leitfähigkeit - Die elektrische Leitfähigkeit von Bariumtitanat kann durch Dotierung beeinflusst werden. Während das Material normalerweise ein Isolator ist, können einige Dotierstoffe Ladungsträger in das Material injizieren und seine elektrische Leitfähigkeit erhöhen. Die Dotierung mit Lanthan (La) oder Strontium (Sr) zum Beispiel kann die elektrische Leitfähigkeit erhöhen und das Material für Anwendungen, die leitende Eigenschaften erfordern, akzeptabel machen.

Mechanische Eigenschaften - Die Dotierung mit Lanthaniden kann die mechanischen Eigenschaften von Bariumtitanat, wie Härte, Bruchzähigkeit und Elastizität, beeinflussen. Diese Veränderungen können sich auf die mechanische Zuverlässigkeit des Materials und seine Eignung für den Einsatz in einer Vielzahl von Geräten auswirken.

Verbesserte Alterungsbeständigkeit - Die Dotierung mit Cerium kann die Alterungsbeständigkeit von Bariumtitanat verbessern. Das liegt daran, dass Ce-Ionen als Sauerstofflückenfänger fungieren können, wodurch die Entwicklung von Defektkomplexen vermieden wird, die eine Alterung verursachen könnten.

). Curie-Temperatur- Die Ce-Dotierung kann die Curie-Temperatur des Bariumtitanats senken, jenseits derer die ferroelektrische Polarisation verschwindet. Dies liegt daran, dass Ce-Ionen das Kristallgitter stören und die ferroelektrische Übergangstemperatur senken können, da sie einen kleineren Ionenradius haben als Ba- oder Ti-Ionen.

Durch die Verwendung der traditionellen Festkörperreaktion zur Herstellung von $BaCe_x Ti O_{1-x3}$ (x=0,06, 0,10 und 0,20) wurden dichte einphasige Keramiken mit homogenen Mikrostrukturen hergestellt. Neben den Eigenschaften des ferroelektrisch-paraelektrischen Phasenübergangs wurde die Permittivität der $BaCe_x Ti O_{1-x3}$ Keramik als Funktion des elektrischen Feldes sorgfältig untersucht. Durch die Erhöhung der Ce-Konzentration wurde ein Wechsel von normalen zu Relaxor-Ferroelektrika beobachtet.

Für Materialien mit niedrigem Ce-Gehalt wurde ein Ersatz von Ce sowohl an der 'A'- als auch an der 'B'-Stelle vorgeschlagen und später durch Ramans Forschung bestätigt (Curecheriu et al., 2013).

Kapitel 2 Überprüfung der Literatur

Die allgemeine Formel für Perowskit-Strukturen lautet ABO_3, wobei 'A' und 'B' Kationen unterschiedlicher Größe sind und 'O' ein Anion ist. Das Kation an der 'A'-Stelle ist ein wenig größer als das Kation an der 'B'-Stelle. Zweiwertige 'A'-Kationen haben oft Positionen, die (0,0,0) in den Ecken des Würfels liegen und werden 12-fach von Sauerstoffanionen koordiniert. Tetravalente 'B'-Kationen befinden sich an den körperzentrierten Stellen (1/2,1/2,1/2) des Sauerstoffoktaeders. Das Flächenzentrum des kubischen Gitters befindet sich dort, wo sich die Sauerstoffatome an der Position (1/2,1/2,0) befinden. Die Struktur wird oft als ein dreidimensionales Netzwerk aus miteinander verbundenen BO6-Oktaedern mit regelmäßigen Ecken und 180° B-O-B-Winkeln dargestellt.

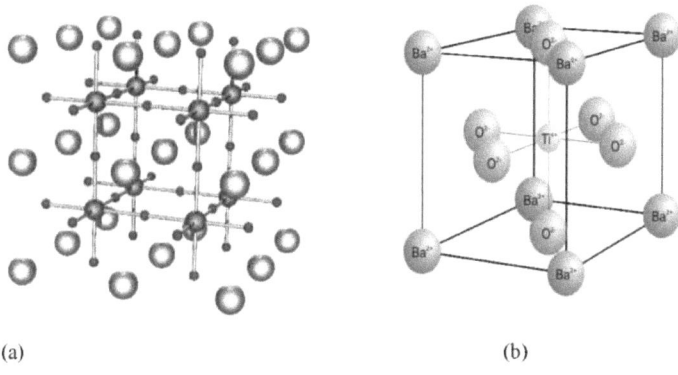

(a) (b)

Abb. 2.1 (a &b) Struktur von $BaTiO_3$

Das Verhältnis von 'A'- zu 'B'-Ionengröße und die elektronische Anordnung der Metallionen können beide verwendet werden, um strukturelle Deformationen in Perowskiten zu identifizieren. Perowskite weisen häufig zwei Formen der Verzerrung auf: die exzentrische Anordnung der 'B'-Ionen in der$_6$ oktaedrischen BO und die Kippung der$_6$ oktaedrischen BO. Die erste Art bezieht sich auf einen verdrängenden Phasenübergang, während die zweite Art einem Phasenübergang entspricht, der von der Ordnung abweicht. Die fraktionierten Toleranzfaktoren und die Berechnungen der Toleranzfaktoren können verwendet werden, um die Vorhersagekriterien für die Identifizierung der Formbarkeit von Perowskitstrukturen zu bestimmen. Nach Goldschmidt führt t1 zu einem Kippmodus, und wenn t>1 eine Zentrierung der kleineren B-Kationen aufweist, führt dies zu einem Abkippen des BO6-Oktaeders. Die Außenzentrierung wird meist durch ein größeres A und ein kleineres B verursacht, wodurch das BO6-Oktaeder komprimiert wird. Das BO6-Oktaeder bildet einen Hohlraum, in dem die b-Ionen effektiver kippen. Im Laufe der Zeit hat man festgestellt, dass nur wenige Oxide des Perowskit-Typs bei Raumtemperatur die einfache kubische Struktur aufweisen, viele jedoch bei höheren Temperaturen. Die Perowskitstruktur ist kubisch und die entsprechende Raumgruppe ist pm3m-oh. Bariumtitanat hat eine temperaturabhängige Struktur und kann je nach Temperaturbereich in fünf verschiedenen Phasen existieren **(Bhargavi et al., 2018)**. Sie reicht von rhomboedrisch, orthorhombisch, tetragonal, kubisch und hexagonal von niedrig bis hoch. Mit Ausnahme der kubischen Phase weisen alle Phasen ferroelektrische Eigenschaften auf. Die kubische Phase weist oktaedrische Zentren von TiO_6 auf, die einen Würfel mit TiO_2 Kanten und Ti-Ecken bilden. Ba^{2+} befindet sich in der Mitte der kubischen Phase, die eine Koordinationszahl von 12 hat. Die Größe von Ba^{2+} verhindert, dass es eng in das Oxidgitter gepackt werden kann, ohne sich auszudehnen, was die Größe der oktaedrischen Löcher erhöht. Ti kann daher innerhalb seiner oktaedrischen Löcher zittern. Dadurch, dass die Ti-Atome im obigen Beispiel auf eine Seite des Lochs gezogen werden, kommt es zu einer gewissen Polarisierung, die den Kristall sowohl hoch ferroelektrisch als auch piezoelektrisch macht. Daher kann er als Wandler für Kristalle in Keramikkondensatoren, Tonabnehmern, Mikrofonen und anderen elektrischen Geräten verwendet werden. Bariumtitanat hat eine Curie-Temperatur zwischen 120 und 130°C.

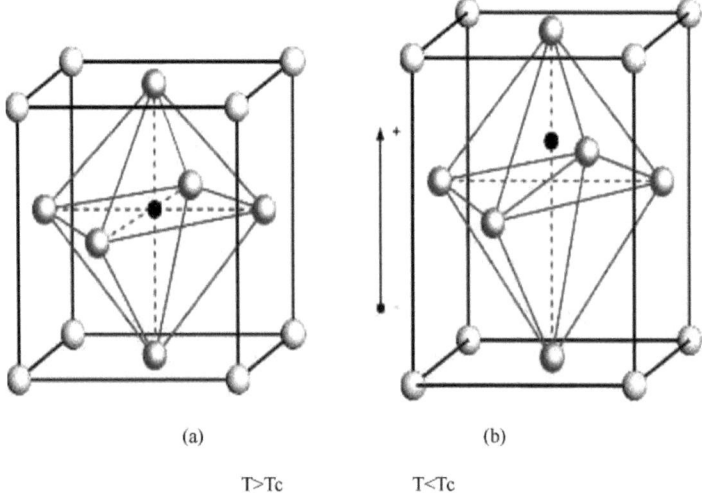

(a)   (b)

T>Tc   T<Tc

Abb. 2.2 (a & b) Temperaturabhängige Struktur von BaTiO₃

Die Röntgendiffraktometrie identifiziert die kristallographischen Phasen der Proben und zeigt, dass alle Proben in einer einzigen Perowskit-Phase kristallisiert sind. Die Zugabe von Zirkonium in die Struktur verringert die Dielektrizitätskonstante von Bariumtitanat. Die optischen

Eigenschaften der Filme werden ebenfalls untersucht. Die Ergebnisse zeigen, dass alle Materialien außerordentlich transparent sind und Zirkonium den Absorptionskoeffizienten senkt. Wenn Bariumtitanat mit Zirkonium dotiert ist, steigt außerdem die Energie der Bandlücke, wobei die maximale Energie der Bandlücke bei etwa 3,71 eV und die niedrigste Dielektrizitätskonstante von 850 bei 100 kHz in einer mit 15% Zirkonium dotierten Probe gefunden wurde **(Kheyrdan et al., 2018)**. Für die Zusammensetzungen 0<x<0,2 wurden die dielektrischen und ferroelektrischen Eigenschaften des Keramiksystems Ba(Ti_{1-x}, Zr_x)O3 untersucht. Um homogene Moleküle zu erhalten, wurden die primären Nanopulver mit Hilfe einer Sol-Gel-Verbrennungsmethode synthetisiert. Die Röntgenbeugungsmuster zeigten, dass die hergestellten Nanopulver eine kubische Form hatten. Die Nanopulver wurden zu Pellets gepresst und bei 1250, 1300 und 1350 Grad Celsius gesintert. Die Ergebnisse zeigten, dass die Dielektrizitätskonstante der Zr-dotierten Materialien deutlich anstieg. Bei x140,05 wies die Probe die besten dielektrischen Eigenschaften und das beste ferroelektrische Verhalten auf **(Aghayan et al., 2014)**. Die dielektrischen Eigenschaften und strukturellen Merkmale von BaTiO3-Keramik werden durch die Zugabe einer bescheidenen Menge ZrO_2 , (≤2wt%) erheblich verändert. In Abhängigkeit von der Sintertemperatur zeigen REM- und TEM-Messungen eine verbesserte mikrostrukturelle Homogenität und eine verlangsamte Kornentwicklung. Die Diffusion von Zr in das $BaTiO_3$ - Gitter über 1320°C führte zu einer chemischen Veränderung der tetragonalen Struktur und zur Bildung von Kern-Schale-Körnern. Unterhalb von 1320°C zeigte die TEM-Untersuchung ZrO als diskrete Partikel (-0,03 µm) an den Korngrenzen. Das axiale (c/a) Verhältnis nahm laut Röntgenbeugungsstudien mit der Korngröße ab. Feinkörnige Keramiken zeigten auch eine ähnliche Verringerung der spontanen Polarisation und der Bildung von Zwillingsdomänen. Diese Proben hatten auch eine abgeflachte Temperatur-Durchlässigkeitsreaktion und deutlich geringere Verluste **(Armstrong et al., 1989)**. Keramische Proben mit der nominellen Zusammensetzung Ba(Zr_x Ti_{1-x})O_3 (x = 0,15) wurden mit Hilfe der Festkörperreaktionstechnik synthetisiert und in zwei verschiedenen Atmosphären gesintert: Luft und Sauerstoff. Die Sauerstoffsinterung führte zu dichten, mikrostrukturierten Proben. Studien zur Dielektrizität im Niederfeldbereich an sauerstoffgesinterten Proben zeigten einen Anstieg der Dielektrizitätskonstanten über den gesamten Temperaturbereich der Messung. In ähnlicher Weise zeigten Studien zur Polarisations-Elektrizitätsfeld-Hysterese (P-E) einen signifikanten Anstieg des Wertes der Restpolarisation **(Thakur et al., 2009)**.

Die Untersuchung des Einflusses des Zr-Gehalts auf die dielektrischen, ferroelektrischen, Leckstrom- und Ermüdungseigenschaften von Ba (Zr_x Ti_{1-x}) O_3 Filmen wird in dieser Arbeit berichtet. Alle diese Filme hatten eine hohe Dielektrizitätskonstante, wobei der mit 5 at% (BZT5)

Zr dotierte BaTiO3-Film die höchste hatte. Der Rayleigh-Formalismus wurde verwendet, um die dielektrischen Eigenschaften bei einem unterschwelligen AC-Schwingungsfeld zu analysieren. Durch die Messung der Polarisationshysterese und der Vorspannungseigenschaften der Kapazität wurde die reversible Komponente der beobachteten schaltbaren Polarisation isoliert. Dieser Ansatz wurde verwendet, um die Defekt-Domänen-Wand-Interaktion des Materials zu erkennen. Es wurde festgestellt, dass die Strom-Spannungs-Charakteristik ohmsch ist. Ermüdungsfreie Eigenschaften wurden sowohl für das Ausgangsmaterial (BaTiO3) als auch für den durch 5% Zr ersetzten Film berichtet **(Katiyar * et al., 2005)**. Die Kristallstruktur, die Mikrostruktur, das dielektrische und ferroelektrische Verhalten von Ba(Zr_x Ti_{1-x})O_3 Perowskiten (x = 0,05, 0,10, 0,15, 0,20, 0,25), die durch Hochtemperatur-Festkörpertechnik hergestellt wurden, wurden untersucht. Innerhalb des untersuchten Zusammensetzungsbereichs lösen sich die Zr^{4+}-Ionen vollständig in der B-Stelle der Matrix $BaTiO_3$ auf, was zu einer Ausdehnung des Gitters führt. Mit steigender Zr-Konzentration schrumpfte die durchschnittliche Korngröße. Die remanente Polarisation der P-E-Schleifen wurde durch die Zr-Dotierung schnell reduziert, was eine Depression der Ferroelektrizität zeigt. Die temperaturabhängigen dielektrischen Eigenschaften bei verschiedenen Frequenzen zeigten ein deutliches Relaxorverhalten. Wenn das modifizierte Curie-Weiss-Gesetz zur Anpassung der Daten verwendet wurde, stieg der Diffusionskoeffizient von 1,45 (x = 0,05) auf 1,891,90 (x = 0,10-0,25). Die Zr-Dotierung erhöhte die Dielektrizitätskonstante der Keramik Ba(Zr_x Ti_{1-x})O_3 bei Umgebungstemperatur erheblich, was zu (1 kHz) = 10790 führte, wenn x = 0,20 **(Xu & Li, 2020)**.

Der traditionelle Ansatz der Festkörperreaktion wurde verwendet, um eine polykristalline Probe von Zr-dotiertem Bariumtitanat ($BaTiO_3$) herzustellen. XRD und SEM wurden verwendet, um den Einfluss von Zr (0,15) auf die strukturellen und mikrostrukturellen Eigenschaften von $BaTiO_3$ zu bewerten. Die elektrischen Eigenschaften (dielektrisch, ferroelektrisch und Impedanzspektroskopie) wurden über einen breiten Frequenz- und Temperaturbereich bestimmt. Die Struktur von BaTiO3 ändert sich von tetragonal zu rhomboedrisch, wenn Zr ersetzt wird. Es wurde festgestellt, dass die Substitution die Gitterparameter erhöht. Durch den diffusen Phasenübergang steigt die Dielektrizitätskonstante bei Raumtemperatur von 1675 auf 10586, während der Spitzenwert der Dielektrizitätskonstante von 13626 auf 21023 ansteigt. Die Impedanzspektroskopie zeigt die Entstehung von Körnern und Korngrenzen im Material, die mit steigender Temperatur abnehmen **(Mahajan et al., 2011)**. Das Sintern von Pellets aus Nanopulvern, die mit der Polymervorläufertechnik bei 1300°C für 8 Stunden synthetisiert wurden, führte zu reinen und mit Lanthan dotierten Bariumtitanat (BT)-Keramiken. Die Entwicklung einer tetragonalen Struktur wurde durch XRD-Messungen nachgewiesen. Die Anwesenheit von Dotierstoffen verwandelte die tetragonale Struktur in eine pseudokubische

Struktur. Durch die Aufnahme von Lanthan als Donor-Dotierstoff konnte die polygonale Korngröße auf 300 nm gesenkt werden. Die dielektrischen Eigenschaften der mit Lanthan modifizierten BT-Keramiken zeigten, dass sie im Vergleich zu reinem Bariumtitanat, einem herkömmlichen ferroelektrischen Material, eine dispergierte ferroelektrische Natur aufweisen. Die Phasenübergangstemperaturen von dotiertem BT waren niedriger und die Werte der Dielektrizitätskonstante waren wesentlich höher als bei reinem BT. Die Verbindung zwischen dem Dotierungsgrad und dem Grad der Diffusität der Phasenübergänge wurde mit Hilfe eines modifizierten Currie-Weiss-Gesetzes untersucht. Es wurden Impedanzspektroskopie-Experimente bei verschiedenen Temperaturen durchgeführt, um den elektrischen Widerstand der Materialien und das Vorhandensein eines PTCR-Effekts zu untersuchen **(Hwang & Han, 2004)**. Die Studie untersucht die strukturellen, dielektrischen, piezoelektrischen und ferroelektrischen Eigenschaften von zirkoniumdotiertem Bariumtitanat ($BaZr_{0.10}Ti_{0.0903}$), das durch Mikrowellen- (MWS) und konventionelle (CS) Sinterprozesse hergestellt wurde. Röntgenbeugung und Raman-Spektroskopie zeigen deutlich die strukturellen Veränderungen und bestätigen die effektive Diffusion von Zirkonium zur Erzeugung von BZT durch die MWS-Technik. Die Rasterelektronenmikroskopie zeigt ein feinkörniges und dichtes Gefüge in MWS-Keramiken, die in 4 Stunden (einschließlich Erhitzung, Abkühlung und Haltezeit) verarbeitet wurden, im Vergleich zu 22 Stunden bei CS. Bei normalen Temperaturen haben die mikrowellengesinterten Proben bessere elektrische Eigenschaften wie einen höheren spezifischen Widerstand, eine höhere Dielektrizitätskonstante, einen geringeren dielektrischen Verlust und eine geringere Frequenzabhängigkeit. Die Analyse der Impedanz und des elektrischen Moduls im Frequenzbereich (40 Hz-1 MHz) und im Hochtemperaturbereich (573-873 K) sowohl für die MWS- als auch für die CS-Keramik zeigt zwei Relaxationsprozesse, die in den Impedanzdiagrammen auf Bulk- und Korngrenzeneffekte zurückgeführt werden. Durch Mikrowellen gesinterte BZT-Keramiken sind aufgrund ihrer besseren Eigenschaften für Anwendungen bei Raumtemperatur attraktiver; bei höheren Temperaturen nehmen sie jedoch im Gegensatz zu CS-Keramiken ab **(Mahajan et al., 2009)**. Die Untersuchung zeigt, dass die Verarbeitungsbedingungen bei der Synthese das dielektrische Verhalten von mangandotierten Ba(Ti $Zr_{1/2xx}$) O_3 Keramiken beeinflussen, einschließlich der Unterschiede bei Kleinsignalalterungsrate, der Temperaturcharakteristik und der Hysterese. In dieser Arbeit wird zum ersten Mal das Alterungsverhalten von Basismetall-Elektrodenmaterialien jenseits der Temperatur des Permittivitätsmaximums (TM) beschrieben, einschließlich der Auswirkungen der Zirkoniumkonzentration und der Glüheinstellungen. Wenn der Sauerstoffpartialdruck während des Glühens und der Zirkoniumgehalt steigen, sinkt die Alterungsrate bei Temperaturen oberhalb der TM. Dennoch erreicht sie bei Temperaturen, die deutlich unter TM liegen, ein Maximum. Ein diffuser Phasenübergang wird zur Erklärung des Verhaltens herangezogen. Während der Alterung kommt es zu einer Hystereseschleifenverformung **(Weber et al., 2001)**. Im Bereich der elektrischen Feldstärken von 25-250 Vcm^{-1} wurden die Auswirkungen von Zirkonium auf das spezifische EPD-Abscheidungsgewicht, die Dicke und die Oberflächenstruktur von $BaTiO_3$ Filmen untersucht. Im Vergleich zu reinem Bariumtitanat steigt das Abscheidegewicht bei mit 20 at% Zr dotierten BaTiO3-Filmen gleichmäßig an. Die REM- und Profilometriedaten zeigen, dass die hergestellten Filme eine homogene Struktur, eine glatte Oberfläche und niedrige Ra-, Rq- und Rz-Rauhigkeitskoeffizienten aufweisen **(Zagorny et al., 2014)**.

Keramiken aus Bariumzirkonattitanat, Ba $(Zr_{0.2}Ti_{0.8})O_3$ (BZT), wurden mit der Sol-Gel-Methode hergestellt. Untersucht wurden die Auswirkungen des Gleichstromfeldes und der Korngröße auf die dielektrischen Eigenschaften von BZT-Keramiken. Während die mittel- und feinkörnigen Proben diffuse Phasenübergänge aufwiesen, kam es bei den grobkörnigen Proben zu einem strukturierten Phasenübergang. Die maximale Dielektrizitätskonstante und die Übergangstemperatur sanken mit abnehmender Korngröße **(Tang et al., 2004)**. Die keramischen Proben $BaZr_x Ti O_{1-x3}$ (BZT) wurden nach dem traditionellen Festkörperreaktionsverfahren mit x-Konzentrationen von 0,05 (BZT1), 0,10 (BZT2), 0,15 (BZT3), 0,20 (BZT4), 0,25 (BZT5) und 0,30 (BZT6) hergestellt. Die Phase der Proben wurde mit Hilfe der Röntgenbeugung (XRD) überprüft. Die Strukturen aller Zusammensetzungen sind kubisch. Die XRD-Muster der bei verschiedenen Sintertemperaturen gesinterten Proben wurden aufgezeichnet. Durch die Einarbeitung von Zr^{4+} wurden die Gitterparameter verbessert. Interessante Veränderungen der elektrischen Eigenschaften (Dielektrizität, Impedanz und Ferroelektrizität) wurden durch die Dotierung von Bariumtitanat mit Zr^{4+} erzeugt. Die dielektrische Reaktion der Proben wurde genutzt, um den signifikanten Einfluss der Zr-Dotierung auf die Phasenübergangseigenschaften der BZT-Keramik zu untersuchen. Mit steigendem Zr^{4+}-Gehalt variiert die Diffusivität des Phasenübergangs der BZT-Keramikproben von normalem zu diffusem zu Relaxor-Verhalten. Die Existenz von temperaturabhängigen Korn- und Korngrenzeneffekten wird durch Impedanzspektroskopie nachgewiesen. An den Proben werden auch Messungen der Polarisations-Elektrofeld-Schleife (PE) durchgeführt **(Sateesh et al., 2015)**.

Mit Hilfe von Röntgenbeugung, Dielektrizität, Ferroelektrizität und Impedanzspektroskopie untersuchten die Forscher den Einfluss der Zr-Konzentration auf die Kristallstruktur und die elektrischen Eigenschaften von Bariumzirkonattitanat (Ba (Zr, Ti) o_3). Die tetragonale bis kubische Symmetrie der BaTiO3-Einheitszelle resultiert aus einer Erhöhung des Zr-Gehalts, da sie einen Abfall des c-Parameters und einen Anstieg des a-Parameters bewirkt. Mit steigender Zr-Konzentration sinken die Curie-Temperaturen und die Werte der relativen Permittivität. Tanδ wird aufgrund der Existenz von sekundären $BaZrO_3$ Phasen reduziert. Aufgrund der Auswirkung des Domain-Wall-Pinning, das durch die Sauerstoffleerstellen erzeugt wird, ist während des Polarisierungsprozesses ein größeres elektrisches Feld erforderlich. Der Volumenwiderstand von Ba(Ti$_{0.95}$Zr$_{0.05}$)O$_3$ Keramik nimmt mit steigender Temperatur ab und zeigt einen typischen negativen Temperaturkoeffizienten des Widerstands, wie Impedanzspektroskopie-Experimente zeigen **(Sawangwan et al., 2008)**. Mit Cerium angereicherte Bariumzirkonat-Nanokeramiken (BaZr$_{1-x}$Ce O$_{x3-x/2}$) wurden unter Verwendung von Honig als Brennstoff in einem umweltfreundlichen Verbrennungsprozess hergestellt. Die FTIR-Spektren der ABO3-Perowskite zeigten eine starke Bande zwischen 400 und 700 cm^{-1}. Die Bindungslänge (r) der Zr-O-Bindung wird durch die Dotierung mit Ce-Ionen erhöht. Infolgedessen wird die Kommunikation zwischen den Zr- und O-Bindungen vermindert. Die elektrische Leitfähigkeit nimmt mit der Temperatur zu, was darauf hinweist, dass BaZr$_{1-x}$Ce O$_{x3-x/2}$ Ionen und/oder Elektronen leitet. Die Leitfähigkeit steigt mit zunehmender Ce$_{3+}$ Konzentration. Bei 850°C hat der Feststoff x = 0,10 eine Leitfähigkeit von 0,0190 S/cm, die höher ist als die von reinem BaZrO$_3$ (0,010 S/cm). Der Anstieg der Leitfähigkeit könnte auf eine Abnahme des Korngrenzenwiderstands und die Entwicklung von Sauerstoffleerstellen zurückzuführen sein. Die Dielektrizitätskonstante war im unteren Frequenzbereich hoch (ε= 35-45), was auf eine geringe frequenzabhängige Leistung hinweist. Die Dielektrizitätskonstante nimmt mit steigendem Ce-Gehalt ab, wie das Maxwell-Wagner-Modell zeigt **(Khirade et al., 2021)**.

Die kristalline Struktur, die Mikrostruktur und die dielektrischen Eigenschaften von Ba(Ti$_{1-y}$Ce$_y$)O$_3$ (0<y<0,5) Keramiken wurden untersucht. Es wurden dichte Keramiken mit einer relativen Dichte von mehr als 95% und Korngrößen von 0,7 bis 1,5μm erzielt. Die Untersuchungen der Röntgenbeugung, des SEM und der dielektrischen Eigenschaften zeigen, dass die Grenze der Feststofflöslichkeit bei y = 0,3 liegt. Bei Raumtemperatur ist die kristalline Symmetrie für die Probe mit y = 0,02 tetragonal und für y = 0,06 kubisch, und die Einheitszelle wächst mit zunehmender Ce-Konzentration im Bereich der festen Lösung. In ähnlicher Weise weist die dielektrische Antwort bei y = 0,02 drei dielektrische Peaks und einen verengten dielektrischen Peak mit ferroelektrischem Relaxorverhalten auf **(Jing et al., n.d.)**. Das ferroelektrische und das Spannungsverhalten von festen Lösungen von Ba(Ti$_{1/2y}$Ce$_y$)O3 wurden untersucht. Mit zunehmender Ce-Konzentration wurden die Temperaturen des Dreiphasenübergangs verschoben und bei y 50,06 eingeklemmt. Die Röntgenbeugung könnte die Materialien strukturell in eine tetragonale Symmetrie bei y=0,06 und eine pseudokubische Symmetrie bei y=0,06 einordnen. Für Proben mit niedriger Ce-Konzentration wurden Dehnungswerte im Bereich von 0,15-0,19% bei 60 kV cm^{-1} mit geringer Hysterese gefunden. Die Tetragonalität nimmt ab, das Dehnungsniveau sinkt und das System wird weniger hysteretisch, wenn die Ce-Konzentration steigt **(Ang et al., 2002)**.

Die Oberflächenmorphologie, die dielektrischen und pyroelektrischen Eigenschaften von Cer (Ce) dotierten Ba($Zr_{0.52}$ $Ti_{0.48}$)O_3 Keramiken, die durch Festkörperreaktion hergestellt wurden, werden in diesem Artikel diskutiert. Ein Rasterkraftmikroskop wurde verwendet, um die Oberflächenmorphologie und die Mikrostrukturen der dielektrischen Keramiken zu analysieren. Die dielektrischen Eigenschaften dieser Keramiken bei zwei Konzentrationen wurden in Abhängigkeit von der Temperatur untersucht. Bei Ce-dotierten Keramiken zeigt die Dielektrizitätskonstante als Funktion der Temperatur ein diffuses Phasenübergangsverhalten, das mit einem höheren Wert der Dielektrizitätskonstante einhergeht. Die Dielektrizitätskonstante sinkt, wenn die Ce-Konzentration von 0,0 auf 0,1 ansteigt, aber sie steigt, wenn die Ce-Konzentration von 0,1 auf 0,2 ansteigt. Der als Funktion der Temperatur gemessene pyroelektrische Strom zeigt, dass es bei niedrigeren Temperaturen sowohl primäre als auch sekundäre Effekte gibt. Die Auswirkung der Ce-Konzentration auf die Korngröße ist wichtig für die Aufrechterhaltung von Dielektrizitätskonstanten, die für einstellbare dielektrische Anwendungen geeignet sind **(Sagar et al., 2011)**. Ba(Ti Zr_{1-xx})O_3 (x = 0 0,3) Keramiken wurden bei 1450°C für 4 Stunden unter Verwendung des konventionellen Festkörperreaktionsverfahrens gesintert. Die strukturellen und dielektrischen Eigenschaften der Proben wurden untersucht. In dem mit ZrO_2 dotierten $BaTiO_3$ wurden tetragonale und kubische Symmetriephasen erzeugt. Die Erhöhung der ZrO2-Konzentration in BaTiO3 führte zu einem Anstieg der Gitterparameter und der Kristallitgröße der Perowskitstruktur. Die Entwicklung der Raman-Spektren für verschiedene Zusammensetzungen wurde analysiert und die spektroskopische Signatur der entsprechenden Phase wurde gefunden. Die Mikrostruktur und Oberflächenmorphologie der gesinterten Proben wurden mit einem Rasterelektronenmikroskop untersucht. REM-Untersuchungen zeigten, dass eine Erhöhung der ZrO_2 Konzentration die mikrostrukturelle Homogenität verbessert und die Kornentwicklung verlangsamt. Die dielektrischen Eigenschaften von mit ZrO2 dotiertem Bariumtitanat wurden mit einem Hioki 3532-50 LCR-Meter im Frequenzbereich von 1 kHz-1 MHz untersucht. Die Dielektrizitätskonstante (r) steigt, während der dielektrische Verlust (tanδ) mit zunehmender Zirkoniumoxidkonzentration (x 0,3) abnimmt **(Oksuz et al., 2017)**. Mithilfe von First-Principle-Berechnungen wurden die strukturellen, elektrischen und optischen Eigenschaften von reinem und Ce-dotiertem BaTiO3 untersucht. Hier konzentrieren wir uns darauf zu verstehen, wie die Gleichgewichtsgittereigenschaften, die DOS, die elektronische Bandstruktur und die optische Leistung der Materialien beeinflusst werden, wenn Ce anstelle von Ba- und Ti-Stellen eingesetzt wird. Ce-Atome wurden anstelle von Ba- (oder Ti)-Stellenatomen eingesetzt, um Kristallstrukturen mit einem Dotierungsverhältnis von 12,5% an verschiedenen Stellen zu erzeugen. Die optimalen Kristallstruktureigenschaften wurden dann untersucht. Das Maximum des Valenzbandes (VBM) und das Minimum des Leitungsbandes (CBM) wandern als

Reaktion auf die Substitution von Ce, wodurch die Bandlücke verringert wird. Es wurde nachgewiesen, dass eine Verringerung der Bandlücke zu einer Erhöhung der elektrischen Leitfähigkeit beiträgt. Um das Valenzband, das Leitungsband und den Beitrag der einzelnen Orbitale zur gesamten Zustandsdichte der elektronischen Struktur zu verstehen, wurde die Zustandsdichte der Materialien berechnet. Um die Art der chemischen Bindungen vor und während der Dotierung zu verstehen, wurden die Ladungsdichte, die Mulliken-Ladungen und die Bindungsüberlappungspopulationen von unbehandeltem und Ce-dotiertem BaTiO3 berechnet. Außerdem wurden die optischen Eigenschaften der Materialien berechnet. Die statische Dielektrizitätskonstante stieg an, wenn die Ba-Stelle durch Ce ersetzt wurde. Andererseits sank sie, wenn Ce in die Ti-Stelle dotiert wurde. Das Reflexionsvermögen des Materials verringerte sich, wenn Ce durch andere Stellen ersetzt wurde, aber die Transparenz blieb sowohl vor als auch nach der Dotierung im Wesentlichen unverändert. Bei einer Photonenenergie von weniger als 10 eV waren die Materialien für das einfallende Licht transparent; im ultravioletten Spektrum lag ihre Opazität jedoch zwischen 10-13 eV und mehr als 20 eV. Einen neuen Ansatz für die theoretische Analyse des $BaTiO_3$-basierten Systems bietet die theoretische Berechnung vieler Eigenschaften **(Yue et al., 2023)**. Proben von Barium-Zirkonium-Titanat (BZT) mit x = (0,05, 0,10 und 0,15), $BaZr_xTi_{1-x}O_3$, wurden durch Mischkristallreaktionen mit geregelten Heiz- und Kühlbehandlungen hergestellt. Die Temperaturen während des Sinterns maximieren die Dichte. Das XRD zeigt reine Phasen. Perowskit-Linien sind in jedem Motiv vorhanden. Wenn Zr (Ionenradius = 0,86Å) homovalent gegen Ti (Ionenradius = 0,745Å) ausgetauscht wird, entsteht mit steigender Zr-Konzentration eine orthorhombische Struktur mit einer größeren Standardabweichung. Bei x = 0,15 ist die Zusammensetzung orthorhombisch-tetragonal. Die ferroelektrische Phasenübergangstemperatur Tc von $[Ba(Zr_x Ti_{1-x})O_3]$ sinkt mit zunehmender Zr-Konzentration und hat einen großen Peak. $[Ba(Zr_x Ti_{1-x})O_3]$ zeigt eine von der Zusammensetzung abhängige dielektrische Reaktion. Die erweiterten Peaks zeigen die diffusen Übergänge des ungeordneten Perowskits. In ferroelektrischen Keramiken streuen die Korngrößenverteilung und quadratische Gradienten die Übergangstemperaturen. Proben mit beiden Clustern zeigen dieses Verhalten stärker aufgrund des Unterschieds in der elektrischen Dichte zwischen polaren $[TiO_6]$ und unpolaren $[ZrO_6]$ Clustern. Das modifizierte Curie-Gesetz beschreibt das dielektrische Verhalten von komplexen Ferroelektrika mit diffusen Phasenübergängen. Mit zunehmender Zr-Konzentration wird das Material diffuser und ungeordneter, wodurch sich das Debye'sche Verhalten ändert. Eine signifikante Ionenleitfähigkeit in Ferroelektrika führt zu einer niederfrequenten dielektrischen Dispersion. Aufgrund seiner großen Abstimmbarkeit, seines geringen dielektrischen Verlusts und seiner hohen Dielektrizitätskonstante wird BZT für den Einsatz in Mikrowellentechnologien und

Kondensatoren erforscht (**P.K. et al., 2023**). Obwohl auch über Dünnschichten berichtet wird, die mit anderen Techniken wie HF-Magnetronsputtern, Elektronenstrahlabscheidung, Pulver-Aerosol-Abscheidung (PAD), Atomlagenabscheidung (ALD) und Sprühabscheidung hergestellt wurden, wurden die meisten der vorgestellten Ba(Ce, Zr, Y)O3-Dünnschichten mit der Technik der gepulsten Laserabscheidung (PLD) erzeugt. Die Mikrostruktur der Schichten hat einen erheblichen Einfluss auf die elektrischen Eigenschaften der dünnen Schichten. Die dehnungsmodifizierten Schichten, die Raumladungsschichten und die Grenzflächenschichten haben alle einen Einfluss auf die Gesamtleitfähigkeit, auch wenn ihre Auswirkungen häufig minimal sind.

(**Winiarz et al., 2021**)Die Studie untersucht die Auswirkungen der Eu^{3+} Dotierung auf das strukturelle, dielektrische und optische Verhalten von Bariumzirkoniumtitanat (BZT) unter Verwendung der allgemeinen Formel $Ba_{1-x}Eu_{2x/3}Zr_{0.05}Ti_{0.95}O_3$ (x = 0.00, 0.01, 0.02, 0.03, 0.04, 0.05). Die Zugabe von Eu^{3+} Ionen zur $BaZr_{0.05}Ti_{0.95}O_3$-Matrix bewirkt einen Phasenwechsel von orthorhombischer zu tetragonaler Symmetrie, was durch XRD-Daten bestätigt wird. Bei x ≥ 0,03 ist eine sekundäre Phase von Eu_2TiO_{27} in der Zusammensetzung zu sehen. Die XRD-Strukturveränderung wird durch die Raman-spektroskopische Analyse bestätigt, und die FT-IR-Spektren (Fourier-Transform-Infrarot) zeigen, dass die Eu^{3+}-Dotierung in BZT Leerstellen im System verursacht. Die Übergangstemperatur und die maximale Dielektrizitätskonstante sinken mit steigendem Eu^{3+}-Gehalt, wie die temperaturabhängige dielektrische Forschung zeigt. Es wird festgestellt, dass mit größeren Konzentrationen von Eu^{3+} die dielektrische Diffusität abnimmt und dann bis zu x≤0,02 zunimmt. Bei der Untersuchung des optischen Verhaltens der hergestellten Proben mit Hilfe der UV-Spektroskopie wird festgestellt, dass der Wert der optischen Bandlücke mit der Konzentration von Eu^{3+} bis zu 2 % ansteigt und anschließend bei höheren Konzentrationen (x > 2 %) sinkt (**Bhargavi et al., 2018**).

(**Batoo et al., 2021**) zeigt, dass die Synthese von mit Gadolinium (Gd) und Niob (Nb) dotierten Bariumtitanat (BT) Keramikoxiden durch eine traditionelle Festkörperreaktionstechnik erreicht wurde. Das Röntgenbeugungsmuster bestätigt, dass alle Proben (Yu et al., 2000) eine tetragonale Phase mit der Raumgruppe P4mm gebildet haben. Mit Hilfe der Röntgenphotoelektronenspektroskopie wurden Sauerstoffleerstellen nachgewiesen, deren Konzentration je nach Wahl der Gd-Ionen variiert. Laut Fourier-Transformations-Infrarotanalyse liegt der auffälligste Peak zwischen 544 und 588 cm⁻¹ Die Raman-Spektroskopie zeigt die tetragonale Phase, wobei der $A1(TO_3)$ $E(TO_4)$ Modus für den auffälligsten Peak bei 514 cm⁻¹ verantwortlich ist. Die Verschiebung dieses Peaks deutet auf die Entstehung von Gd_{Ba} Fehlern hin. UV-Messungen zeigen, dass die Dotierung mit Gd zu einer Vergrößerung der Bandlücke von 2,928 eV auf 3,047 eV führt.

Der Selbstkompensationsprozess und die Erzeugung von Defektdipolen sind für den Anstieg der Dielektrizitätskonstante und den Rückgang des dielektrischen Verlusts bei steigender Dotierstoffkonzentration verantwortlich. Die Wechselstromleitfähigkeit ändert sich bei unterschiedlichen Dotierstoffkonzentrationen praktisch nicht. So wurde entdeckt, dass die Codotierung von Gd und Nb auf BT-Keramikoxiden die elektrischen Eigenschaften verbessert. **(Yu et al., 2000)** berichten erfolgreich über die Entwicklung eines laserbeheizten Sockels für einkristalline Fasern aus $BaTi\,Zr\,O_{1-xx3}$ (x=0,05-0,2). Die einphasige Perowskitstruktur der Materialien wurde mit Hilfe der Röntgenbeugungsmethode bestimmt. Für x<0,2 wird das Phasendiagramm für präparierte Einkristalle bestimmt. Es werden Messungen der dielektrischen Eigenschaften als Funktion der Frequenz, der Temperatur und der Hystereseschleifen bei Raumtemperatur durchgeführt. Sowohl für Einkristalle als auch für Keramiken werden die Restpolarisation (P_r) und die Koerzitivfelder (E_c) gemessen und verglichen. Bei 1 kHz zeigt die Probe mit =0,08 eine geringfügige dielektrische Relaxation beim Phasenübergang bei niedrigerer Temperatur, d.h. bei etwa 40 °C.

(Gdula-Kasica et al., 2010) berichteten, dass die Festkörpersynthese und Salzschmelzen zur Herstellung von $BaCeo.Zr_{80.1}\,Y_{0.}\,O_{13-\delta}$ Materialien verwendet wurden. Es wurde gezeigt, dass einphasig dotiertes Barium-Cerat durch Sintern der Synthese von Salzschmelzen hergestellt werden kann. Das Volumen der Einheitszelle von Bariumcerat verringert sich, wenn Cer durch Zirkonium in der Einheitszelle ersetzt wird. Die Proben von MSS und SS weisen unterschiedliche Mikrostrukturen auf. Im Gegensatz zum SS-Material weist die MSS-Probe größere Kristallite auf, aber die Körner, die aus ihrer Agglomeration entstehen, sind kleiner und länglicher. Bei dem mit Zirkonium und Yttrium dotierten Bariumcerat bilden sich kleinere Kristallite als bei dem mit Yttrium dotierten Bariumcerat. Die mit beiden Techniken hergestellten Pellets hatten eine zu geringe Dichte.

Obwohl die Gesamtleitfähigkeit der Proben nicht sehr hoch war, folgte sie einer typischen Temperaturbeziehung für diese Materialklasse. Trotz ihrer erhöhten Porosität wiesen die MSS-Proben eine höhere Leitfähigkeit auf als die SS-Proben. Das deutet darauf hin, dass die Herstellung eines Elektrolyten mit ausgezeichneten Eigenschaften aus der Verdichtung des MSS-Materials resultieren wird **(Sagar & Raibagkar, 2013)**. Das nanokristalline Pulver aus Ce- und Zr-dotiertem Bariumtitanat wurde durch eine Festkörperreaktionsmethode hergestellt. Die einphasige kubische Kristallsymmetrie wurde durch Röntgenbeugungsmuster bestätigt. Der Einfluss der Ce-Ionen auf die Mikrostruktur zeigt sich in der Zunahme der Korngröße. Die Analyse des Impedanzspektrums des elektrischen Verhaltens der gesinterten Pellets ergab ein frequenzabhängiges Verhalten. Der einzelne Halbkreis in den komplexen Impedanzdiagrammen veranschaulicht, wie der Kornwiderstand das elektrische Verhalten beeinflusst. Die Möglichkeit einer nicht-exponentiellen Leitfähigkeit wird durch die Modulkurve belegt. Der temperaturabhängige Gleichstromwiderstand der synthetischen Keramiken zeigt einen negativen Temperaturkoeffizienten des Widerstandsverhaltens. Die Leitfähigkeit beider Keramiken steigt mit der Frequenz aufgrund des Relaxationsphänomens, das durch mobile Ladungsträger hervorgerufen wird. **(Lu, 2015)** wurden Röntgenbeugung (XRD), Raman-Spektroskopie (RS), Rasterelektronenmikroskopie (SEM) und dielektrische Messungen mit elektronenparamagnetischer Resonanz (EPR) kombiniert, um den Einbau von Tb-Ionen in das $BaTiO_3$-Gitter an Keramikproben mit 5% Tb und Ba/Ti-Verhältnissen von 0,987-1,053 zu untersuchen. Die Existenz von Tb-Ionen an Ti-Stellen wurde direkt durch die EPR-Ergebnisse als Tb^{4+} nachgewiesen, die durch ein breites Signal mit g = ~6,5, einen Anstieg der Konzentration von Tb^{4+} Ionen an der Ti-Stelle und einen entsprechenden Anstieg des Ba/Ti-Verhältnisses gekennzeichnet waren. [3+]Die Existenz von Tb-Ionen an Ba-Standorten wurde durch den Raman-Ladungseffekt bei 805-833 cm^1 und ein EPR-Signal bei g = 2,004 bestätigt, das mit ionisierten Ti-Fehlstellen in Verbindung steht. Die Tb-Ionen in $BaTiO_3$ zeigten aufgrund der Verschiebung des Ba/Ti-Verhältnisses ein selbstregulierendes amphoteres Verhalten, indem sie die gemischten Valenzzustände von Ba-site Tb^{3+} und Ti-site Tb^{4+} zur Aufrechterhaltung der Elektroneutralität des Gitters nutzten. Das Ba/Ti-Verhältnis hatte einen Einfluss auf die dielektrischen Eigenschaften, den Raman-Ladungseffekt, die Kornform und die Keramikdichte. Die Probe mit einem Ba/Ti-Verhältnis von 0,987 ist eindeutig überlegen, da sie glatte Körner, einen geringeren dielektrischen Verlust, eine höhere Dichte und eine dielektrische Stabilität bei niedrigen Temperaturen aufweist, die fast mit der X5R-Spezifikation übereinstimmt. Die Chemie der Tb-dotierten $BaTiO_3$ Defekte wird untersucht. **(Ianculescu et al., 2016)**, wurde die Sol-Gel-Synthese verwendet, um mit 5 mol% Ce^{3+} dotierte Bariumtitanat-Nanohüllen zu konstruieren, wobei eine Polycarbonatmembran mit einem Durchmesser von 200 nm als Vorlage diente. Laut FE-SEM-Untersuchungen wurden grüne Röhren mit einer maximalen Länge von 15 m, einem durchschnittlichen Außendurchmesser von 188,6 nm und einer Wandstärke von 15,1 nm erzielt. Diese Röhren waren gleichmäßig und durchgängig. Hochauflösende Transmissionselektronenmikroskopie (HR-TEM) und Elektronenbeugung (SAED) zeigten, dass sich diese amorphen 1D-Nanostrukturen in polykristalline Röhren mit einem durchschnittlichen Außendurchmesser von 157,4 nm und einer Korngröße von 43,4 nm verwandelten, nachdem sie 1 Stunde lang bei 700°C kalziniert wurden. Diffuse Phasenübergänge, die die Erhaltung eines stabilen polaren Zustands bei höheren Temperaturen (bis zu 200 °C) verursachen, wurden durch Thermo-Raman-Experimente identifiziert. Mit 5 mol% Ce^{3+} dotierte BaTiO3-Nanomuschelröhrchen zeigten ferroelektrische und piezoelektrische Aktivität während piezoreaktiver Kraftmikroskopiestudien (PFM), was darauf hindeutet, dass diese Röhrchen für den Einsatz in mikroelektronischen Geräten geeignet sind. **(Vijatovic Petrovic et al., 2017)** untersuchen, dass Bariumtitanat (BT) und reine Pulver mit einem konventionellen Festkörperverfahren und unterschiedlichen Konzentrationen von Samarium hergestellt wurden. Es wurde untersucht, wie sich die Anwesenheit von Samarium auf die Entwicklung der Mikrostruktur, die Unterdrückung des Kornwachstums und die Veränderung der Struktur auswirkt. Die dielektrischen Eigenschaften der dotierten Proben wurden erheblich verändert. Im Gegensatz zu reinem Bariumtitanat führte die Dotierung zu einem diffusen Ferro-Para-Phasenübergang, zu einer Verschiebung der Phasenübergangsstellen und zu einem Absinken der dielektrischen Permittivität. Es wurde eine gründliche Untersuchung der Modul- und Impedanzdaten durchgeführt.

Für alle dotierten Keramiken zeigte die Impedanzkomplexebene einen einzelnen gedrückten Halbkreisbogen und zwei Halbkreisbögen für reines BT. Verschiedene elektroaktive Zonen wurden auch in den Plots der Modulusebene beobachtet. Der Vergleich des Impedanz- und Modulskalierungsverhaltens zeigte eine lokalisierte Ladungsträgerbewegung in reinem Bariumtitanat und sowohl kurz- als auch langreichweitige Relaxationen in mit 0,05 mol% Sm dotierten Keramiken. P-E-Hystereseschleifen zeigten, dass die ferroelektrischen Eigenschaften mit der Sm-Dotierung abnehmen. Der elektrokalorische Effekt und die Energiespeichereigenschaften von $Ba_{1-x}Ce_xTi_{0.Mn990}.o1O_3$ Keramiken, die mit Hilfe der Festkörperreaktionstechnik synthetisiert wurden, wurden optimiert. Keramiken mit verringertem Ce-Gehalt (x = 0,005, 0,015) zeigen ein verbessertes T- und T/E-Ansprechverhalten. Keramiken mit verbessertem Ce-Gehalt (x = 0,030, 0,040, 0,045) hatten größere T-Peaks (50 K-60 K) und eine verbesserte Energiespeicherdichte und Effizienz. Die größte elektrokalorische Reaktion (T_{max} = 1,22 K, T/E = 0,41 K mm/kV) wird in der $Ba_{0,995}Ce_{0,005}Ti_{0,99}Mn_{0,01}O_3$-Keramik erzielt, die vergleichbar oder sogar größer ist als die, die zuvor für die am stärksten isovalenten, BaTiO3-basierten Keramiken berichtet wurde. Die $Ba_{0,970}Ce_{0,030}Ti_{0.Mn990}.o1 O_3$ Keramiken haben eine maximale Energiespeicherdichte von 0,11 J/cm^3 (E = 30 kV/cm^3) und eine hohe Effizienz von 65-88% über einen Temperaturbereich von 72 K.

Vom Standpunkt der heterovalenten Substitution und der Größenfehlanpassung aus gesehen, könnte diese Arbeit mehr Möglichkeiten eröffnen, bleifreie Systeme mit hoher elektrokalarischer und Energiespeicherleistung zu konstruieren. **(Liu et al., 2018)** untersucht die Messungen makroskopischer Eigenschaften wie die Dielektrizitätskonstante und ferroelektrische Hysterese, Differential-Scanning-Kalorimetrie und durchschnittliche Strukturinformationen werden mit ergänzenden Techniken kombiniert, die für die lokale Struktur empfindlich sind, wie z.B. Paarverteilungsfunktion (PDF) und Raman-Spektroskopie, um ein umfassendes Verständnis der Struktur-Eigenschafts-Beziehungen und des Ursprungs des Relaxor-Verhaltens in $BaCe_xTiO_{1-x3}$

Keramiken über einen breiten Zusammensetzungsbereich (x = 1) zu gewinnen. Das resultierende Phasendiagramm zeigt sukzessive Phasenübergänge mit einem kritischen Tri-Punkt (TCP) bei x = 0,09 und einem Übergang vom Ferroelektrikum zum Relaxor (FRC) bei x 0,20. Im Gegensatz dazu ist die lokale Struktur unabhängig von x rhomboedrisch, und die PDF zeigt ein hohes Maß an Unordnung und erhebliche lokale Spannungen, die durch den Größenunterschied der Ionen verursacht werden (Ce^{4+} : 0,87, Ti^{4+} : 0,605). Diese Verformungen sind höchstwahrscheinlich für die diffuse Natur der Phasenübergänge verantwortlich, die bei x 0,05 beobachtet werden. Die Parallelität der $BaM_x Ti_{1-O_x3}$ Phasendiagramme (M = Sn, Hf, Zr, Ce) zeigt, dass die Zusammensetzungen, die TCP und FRC entsprechen, fast unabhängig von M sind. Dies bedeutet, dass unabhängig vom Ionenradius von M^{4+} eine kritische Anzahl von Ti-O-Ti-Bindungen in homovalent-substituiertem BaTiO3 gebrochen werden muss, bevor ein neuer "Zustand" entsteht, aber lokale elektrische und Spannungsfelder scheinen einen minimalen Einfluss zu haben. **(Canu et al., 2018).** Bei 1400°C wurden nominale ($Ba_{1-x} Ho_x$) ($Ti_{1-x} Ho_x$) O_3 Keramiken (BHTH) unter Verwendung einer Mischoxidtechnik hergestellt. Röntgenbeugung (XRD), Rasterelektronenmikroskopie (SEM), Photolumineszenzspektroskopie (PL), paramagnetische Elektronenresonanz (EPR) und dielektrische Messungen wurden verwendet, um die Struktur, die Mikrostruktur, die dielektrischen Eigenschaften und Punktdefekte von BHTH zu untersuchen. Ho^{3+} in BaTiO3 bevorzugt einen Selbstkompensationsmodus mit einer geringen Bevorzugung von Ba-Seiten, und XRD ermittelte die Löslichkeitsgrenze von Ho^{3+} in feinkörnigem BHTH (0,5 m) bei x = 0,03. Es wurde ein ungewöhnliches Ereignis beobachtet: Die Curie-Temperatur von BHTH stieg von 128 °C bei x = 0,01 auf 131 °C bei x = 0,03. Wenn BaTiO3 mit Ho^{3+} und anderen Ionenarten dotiert ist, wird angenommen, dass Ho^{3+} ein möglicher Codopant zur Erreichung der X8R-Spezifikationen ist. **(Lu et al., 2019),** Um das dielektrische und Impedanzverhalten von $Ba_{1-x} Ce_x Ti Mn O_{1-xx3}$ (x = 0,1, abgekürzt als $BCTM_{0.1}$) Keramiken zu untersuchen, wurden Ce und Mn teilweise an den Ba- und Ti-Stellen von BaTiO3 dotiert. Wir verwenden einen chemischen Prozess, um ein homogenes Material in Nanogröße herzustellen. Die durchschnittliche Kristallit- und Partikelgröße der Materialien beträgt 10,87 nm bzw. 9,70 nm. Die Phasenreinheit und die Zusammensetzung wurden mit Hilfe von Röntgenbeugung, Raman- und EDX-Tests bestimmt. Die ferroelektrische Eigenschaft wurde in Abhängigkeit von der Frequenz und der Temperatur untersucht. Während einer dielektrischen und impedanzspektroskopischen Studie wurde das Relaxorverhalten beobachtet. Die Wechselstrom- und Gleichstromleitfähigkeiten wurden ebenfalls untersucht. BCTM0.1 zeigte eine gute photokatalytische Aktivität für Kongorot- (CR) und Titangelb- (TY) Farbstofflösungen mit einer prozentualen Abbaueffizienz von >95% bzw. >82%. **(Adak et al., 2020) Das** heißgepresste Sintern (HPS) in Verbindung mit einer anschließenden thermischen Glühung in

Sauerstoffatmosphäre führte zu vollständig verdichteten $Ba_{0.6}Sr_{0.34}Ce_{0.04}TiO_3$ Keramiken mit kleinem Korngefüge (0,3-0,8 µm) und hoher Isolierung (10^4 Ω cm). SEM, Röntgenphotoelektronenspektroskop, Impedanz- und ferroelektrische Analysatoren wurden verwendet, um die Auswirkungen des Glühens auf die Mikrostruktur, die dielektrischen, elektrischen und Energiespeichereigenschaften zu bewerten. Die bevorzugte Oxidation der Korngrenzen zu Gewinnen führte zu einer elektrisch inhomogenen Mikrostruktur, die durch eine Erhöhung des O2-Drucks während des Glühvorgangs deutlich verbessert werden könnte. Die Verringerung von Ti^{4-} in der gesinterten HPS-Probe konnte durch eine Erhöhung der Glühtemperatur in strömendem O2-Gas auf bis zu 1200 °C verringert werden, was zu einer geringeren dielektrischen Relaxation und einer damit verbundenen Permittivität/Verlust oberhalb der Raumtemperatur führte. Mit einem Wirkungsgrad von 85% konnte eine maximale Energiedichte von 1,75 J/cm3 bei einem Feld von 235 kV/cm erzeugt werden. **(Li & Bian, 2020),** Der klassische Festphasenprozess wird verwendet, um (1-x) Ba (Zr0.2Ti0.8) O3-x Na0.5Bi0.5TiO3 (x = 0, 10, 20, 30, 40, 50 mol%) (BZTN) Keramiken herzustellen. Alle BZTN-Keramiken haben eine pseudokubische Perowskit-Struktur auf der Basis von BZT. Mit zunehmender NBT-Konzentration steigen sowohl die durchschnittliche Korngröße als auch die Relaxor-Ferroelektrizität von BZTN-Keramiken. Bei 241 kV/cm beträgt die Wrec der BZTN40 Keramik 3,22 J/cm^3 und 91,2%. BZTN40 Keramik hat eine ausgezeichnete Temperaturstabilität von Raumtemperatur bis 150°C und eine Frequenzstabilität von 1 Hz bis 100 Hz. Bei 120 kV/cm hat die BZTN40 Keramik eine PD von 0,621 J/cm^3 und eine t0,9 von 82 ns. BZTN-Keramiken können als Energiespeicher und Impulsleistungskondensatoren eingesetzt werden. **(Y. Wang et al., 2020)** Es werden die Ergebnisse einer umfassenden breitbandigen dielektrischen Spektralanalyse von BaCe0.3Ti0.7O3-Keramiken vorgestellt.

Die aus der Frequenzabhängigkeit der komplexen Dielektrizitätskonstante berechnete Verteilung der Relaxationszeiten des Systems ist mit der in dipolaren Gläsern beobachteten vergleichbar. Im Ergebnis wird gezeigt, dass das dipolare Glasmodell, das zum ersten Mal für ungeordnete Perowskit-Oxide verwendet wird, das dielektrische Verhalten des $BaCe_{0.3}Ti_{0.73}$ Mischkristalls genau darstellen kann. Das beobachtete dipolare Glasverhalten in einem solchen BaTiO3-basierten Mischkristall unterscheidet sich deutlich von dem eines klassischen Pb-basierten Relaxors, und die beiden Formen des dielektrischen Verhaltens werden im Vergleich untersucht. Der Selbstkompensationsprozess und die Erzeugung von Defektdipolen sind für den Anstieg der Dielektrizitätskonstante und den Rückgang des dielektrischen Verlusts mit zunehmender Dotierungskonzentration verantwortlich. Die Raumladungspolarisation wird durch die Impedanzspektren Z und Z gegen die Frequenz angezeigt. Die Wechselstromleitfähigkeit ändert sich bei unterschiedlicher Dotierstoffkonzentration praktisch nicht. So wurde entdeckt, dass die Ko-Dotierung von Gd und Nb auf BT-Keramikoxiden die elektrischen Eigenschaften verbessert. **(Batoo et al., 2021)** Cerium und Europium, zwei einzigartige Elemente der Seltenen Erden, wurden ausgewählt, um die chemische Veränderung der BaTiO3-Struktur zu bewirken. Bariumtitanat-Keramiken, die mit Eu an Ba-Stellen und Ce an Ti-Stellen dotiert sind, wurden mit Hilfe der Kaltpresskeramik-Verarbeitungstechnik auf der Grundlage der Formulierungen Ba (Tn-xCe$_{1/8}$) O3 (x = 0,05, 0. 10) (CBT) und ($Ba_{1-y}Eu_y$) Ti1-y/8O3 (y =O. 05, 0. 10) (EBT) hergestellt. Die Auswirkungen der Cer- und Europiumdotierung auf die dielektrischen Eigenschaften von BaTiO3-Keramiken wurden in Bezug auf die Architekturen und Mikrostrukturen erforscht. Abgesehen von einer Spur der Eu2Ti2O7-Phase haben die EBT-Keramiken eine tetragonale Perowskitstruktur, während die CBT-Keramiken eine pseudokubische Perowskitstruktur aufweisen. In BaTiO$_3$ verschiebt sich der Curie-Peak bei Raten von 3°C/mol Ce-Atom bzw. 10°C/mol Eu-Atome (Eu≤5%) in Richtung Umgebungstemperatur. Die EBT-Keramik weist gegenüber der CBT-Keramik mehrere bemerkenswerte Vorteile auf, darunter eine geringere Porosität und höhere Dichte, eine stabilere dielektrische Temperaturabhängigkeit (ε' = 1600-1800 bei t < 50°C), eine engere Feinkorngrößenverteilung (1 pm) und einen geringeren Verlustfaktor (< 0,05). Aufgrund der Dotierung mit Ce und Eu kann die Stabilität der Dielektrizitätskonstante mit der Frequenz in BaTiO3 10^7 Hz erreichen.

(Zhang et al., 2006) Eine neuartige dielektrische Keramik mit der Basisformel [(Ba_{1-x} Ce_x) (Ti $Mg_{1-x/2x/2}$) O$_3$ x=0,06, BCTM6] mit einer hervorragenden Temperaturstabilität wurde für X4D-Kondensatoren entwickelt. Es wurde eine Phasenveränderung von tetragonal zu kubisch mit steigender Dotierungskonzentration festgestellt. Es wird angenommen, dass die Bildung von 2CeBa-MgTi-Dipolen für die Eliminierung von Sauerstoffleerstellen verantwortlich ist, was zu dem geringen dielektrischen Verlust von BCTM6 führt **(Han et al., 2020)**. Eine Untersuchung der Überlappung der grundlegenden Phasenübergänge in Bariumtitanatkeramiken und Einkristallen mit geringem Zr-Gehalt wurde mit Hilfe der Mikro-Raman-Mikroskopie über den gesamten Temperaturbereich von 70-575 K durchgeführt. Unter Berücksichtigung der Raman-Modenfrequenzen wurde das Potenzial für Spannungs- und Korngrößeneffekte, die für die Optimierung und Reproduzierbarkeit der Eigenschaftskoeffizienten wesentlich sind, in diesen Keramiken eliminiert. Die Übergangstemperatur von tetragonal zu kubisch sinkt, wenn der Zr-Gehalt steigt. Bei Zusammensetzungen mit x>0,15 geht die orthorhombische in die tetragonale Übergangstemperatur, die mit einer anfänglichen Erhöhung des Zr-Gehalts ansteigt, in den tetragonal-kubischen Übergang über. Die temperaturabhängigen dielektrischen Messungen unterstützen die Verschmelzung der Phasenübergänge in diesen Zusammensetzungen **(Dobal et**

al., 2001). Die Festkörperreaktion wurde zur erfolgreichen Synthese der $(Ba_{0.8}Ca_{0.51-x}Ce_x)(Zr_{0.1}Ti_{0.9})O_3$ Keramik verwendet. Es wurden systematische Untersuchungen der dielektrischen, piezoelektrischen und ferroelektrischen Eigenschaften durchgeführt. Es wurde festgestellt, dass Korngrößen zwischen 10 und 12 μm zu hohen funktionalen Eigenschaften führen können. Für x = 0 - 0,00131 bestätigen XRD- und Raman-Untersuchungen in enger Übereinstimmung die Koexistenz von rhomboedrischen und tetragonalen Phasen. Nach einer 4-stündigen Sinterung bei 1350 °C wurden für x = 0,00131 gute Eigenschaften erzielt, die zu d_{33} =501±10 pC/N führten. Die bleifreien piezoelektrischen Keramiken mit BCCeZT-Eigenschaften deuten darauf hin, dass sie bei der Herstellung verschiedener elektronischer Geräte hilfreich sein könnten **(Bijalwan et al., 2018).** Für die Herstellung keramischer Materialien auf der Basis von $BaTiO_3$ wurde die Standardkeramiktechnologie verwendet.

Durch die Verwendung unterschiedlicher Mengen von H_3BO_3 und Bi_2O_3 konnte die Synthesetemperatur gesenkt werden. Eine Röntgenbeugungsuntersuchung wurde an dem untersuchten Material durchgeführt. Es wurde festgestellt, wie sich die Sintertemperatur auf die Dichte, die relative Permittivität und die Kontraktion auswirkt. Obwohl die Dichtewerte durch die Zugabe von H_3BO_3 ansteigen, erhöht sich die dielektrische Permeabilität nicht. Bei der Synthese wird Bi_2O_3 zugesetzt, um eine flüssige Phase zu gewährleisten und die Festphasenreaktionen zu unterstützen. Das keramische Material wies die höchsten relativen dielektrischen Permeabilitätswerte bei gleichzeitiger Zugabe von H_3BO_3 und Bi_2O_3 auf **(Kolev et al., 2015).** Unter Verwendung geeigneter Vorläufer wurde die selbstausbreitende Verbrennungssynthese verwendet, um $BaTiO_3$ Pulver herzustellen, die sowohl undotiert als auch Zr-dotiert sind. Die entstandenen Pulver wurden bei Lufttemperaturen von 400 bis 1200 °C thermisch geglüht. Den experimentellen Ergebnissen zufolge hat das Glühen einen Einfluss auf die Zusammensetzung, die strukturellen und optischen Eigenschaften. Die mittels SHS hergestellten Pulver weisen laut XRD-Untersuchung eine metastabile hexagonale Phase auf. Bei hohen Temperaturen führt das Glühen zu einer deutlichen Verringerung ihres relativen Anteils. Die umfangreiche Photolumineszenz, die bei den synthetischen Pulvern beobachtet wurde, kann auf den Grad ihrer strukturellen Organisation zurückgeführt werden. Die Absorptionsspektren, die eine Bande bei 650 nm zeigen, bestätigen dies. Infolge des Einschlusses von Elektronen in Sauerstofflücken entwickeln sich F-Farbzentren. **(Ezealigo et al., 2020).**

Dotierstoffe haben einen erheblichen Einfluss auf die Eigenschaften der Ferroelektrika und das Phasenübergangsverhalten. Hier beschreiben wir ein anomales Curie-Temperatur (Tc)-Verhalten und eine verbesserte Dehnungseigenschaft, die durch die Anpassung der Ce-Ionen-Dotierungsstelle in der $BaTiO_3$-Keramik erreicht wurde. Ein typischer Festkörperreaktionsansatz wurde verwendet, um die Ce-dotierten $BaTiO_3$-Keramiken mit A- und B-Dotierung (BT_{-xCe-A} und

BT-x Ce. B, x=2, 4, 6, 8mol%) bei unterschiedlichen Sintertemperaturen herzustellen. Die Ergebnisse des XPS-Tests und des Raman-Tests zeigen, dass Ce in den BT-xCe-A-Proben erfolgreich als Ce^{3+} in die Ba-Site und in den BT-xCe-B-Proben als Ce^{4+} in die Ti-Site absorbiert wird. An den verschiedenen Dotierungsorten sind unterschiedliche Phasenübergänge zu beobachten. Die Tc in der BT-xCe-B-Keramik ist höher als in der BT-xCe-A-Keramik und zeigt ein ungewöhnlich ansteigendes Verhalten, wenn der Ce-Gehalt zunimmt. Dieses Verhalten im Ce-dotierten BaTiO3-System ist bisher nicht dokumentiert worden. Unter dem Gesichtspunkt des größeren lokalen Spannungsfeldes, das durch die in die B-Site eindringenden Ce^{4+}-Ionen erzeugt wird, werden der Ursprung des höheren Tc und sein zunehmendes Verhalten untersucht.

Darüber hinaus wird in den BT-xCe-B-Keramiken ein stärkeres diffuses Phasenübergangsverhalten beobachtet. Die Theorie der zufälligen Defektfelder deutet darauf hin, dass das Ce, das die B-Site ersetzt, zu einer mehrphasigen Koexistenz führt, die wiederum mehr Frustrationszustände für die Polarisation verursacht. Im Vergleich zu den BT-xCe-A-Keramiken weisen die BT-xCe-B-Keramiken aufgrund dieses einzigartigen Phasenübergangsverhaltens eine verbesserte maximale Polarisation (P_{max}) und bessere Dehnungseigenschaften auf. Diese Arbeit könnte einen praktikablen Ansatz für die Kontrolle der Dotierstoffsubstitution in weiteren bleifreien Systemen bieten, was zur Entwicklung von Hochleistungsmaterialien führen könnte **(Lu et al., 2019)**. Da keramische Photokatalysatoren das Potenzial haben, den Abbau organischer Schadstoffe während der Sonokatalyse oder Sonophotokatalyse zu verbessern, haben sie in der Sonochemie-Gemeinschaft viel Aufmerksamkeit erregt. Obwohl in den letzten Jahrzehnten eine Vielzahl von keramischen Materialien entwickelt und in hybriden fortschrittlichen Oxidationsprozessen eingesetzt wurde,
die Physik und Chemie, die die photokatalytische Leistung dieser Materialien auf atomarer Ebene bestimmen, werden in der Regel aus Annahmen abgeleitet, die auf experimentellen Beobachtungen beruhen. In dieser Arbeit verwenden wir rechnerisch erschwingliche ab-initio-Berechnungen auf der Grundlage der Dichtefunktionaltheorie (DFT), um die physikalischen Eigenschaften von dotierten und undotierten Varianten von Keramiken mit großer Bandlücke zu bewerten. Wir haben die thermodynamischen und optoelektronischen Eigenschaften von reinen und Ce^{4+}-dotierten $BaZrO_3$ Materialien für bestimmte Cer-Dotierungskonzentrationen (x = 0, 0,037 und 0,125) untersucht, motiviert durch frühere experimentelle Arbeiten. Unsere Ergebnisse geben Aufschluss über den Zusammenhang zwischen den verbesserten optischen Eigenschaften von $BaZr_{1-x}Ce_xO_3$ Verbindungen und der Dotierstoffkonzentration x, die eng mit einer Steigerung ihrer photokatalytischen Aktivität verbunden ist. Die physikalischen Eigenschaften der mit Ce^{4+} dotierten BaZrO3-Keramik, die mit Hilfe von DFT-Berechnungen ermittelt wurden, stimmen nicht nur gut mit den experimentellen Daten überein, sondern ermöglichen auch ein tieferes

Verständnis ihrer abstimmbaren optoelektronischen Eigenschaften, die so zugeschnitten werden können, dass sie die für Partikelanwendungen erforderlichen Funktionalitäten erhalten. Unsere Ergebnisse führen uns zu der Schlussfolgerung, dass die moderne DFT eine nützliche Technik für die Vorhersage von keramischen Photokatalysatoren sein kann, die für die Entwicklung hybrider fortschrittlicher Oxidationsprozesse in der Synthese geeignet sind **(Alay-e-Abbas et al., 2019)**.

Kapitel 3. Materialien und Methoden

Bariumtitanat-Keramik wird nach wie vor auf innovative Weise eingesetzt und auf mögliche Verbesserungen hin untersucht. Ingenieure und Wissenschaftler arbeiten daran, seine Zuverlässigkeit und Leistung in verschiedenen elektrischen und elektromechanischen Geräten zu verbessern. Bariumtitanat-Keramik ist nach wie vor ein Schwerpunkt der Forschung und Entwicklung in den Bereichen Materialwissenschaft und Technik. Sie haben wesentlich zum Fortschritt der elektrischen und elektromechanischen Technologien beigetragen. In Anerkennung seiner ausgeprägten elektrischen und dielektrischen Eigenschaften ist Bariumtitanat ($BaTiO_3$) ein ferroelektrisches keramisches Material, das intensiv erforscht und in einer Vielzahl von Anwendungen eingesetzt wird. Bariumtitanat ist eine ferroelektrische Substanz, die sich in Gegenwart eines elektrischen Feldes spontan polarisieren kann. Aufgrund dieser Eigenschaft kann es für eine Vielzahl von Zwecken verwendet werden, vor allem im Bereich der Elektronik. Bariumtitanat ist ein hervorragendes Material für Kondensatoren, da es eine hohe Dielektrizitätskonstante hat. Es eignet sich aufgrund seiner effektiven Fähigkeit, elektrische Energie zu speichern und abzugeben, für Kondensatoren in elektronischen Schaltkreisen. Zahlreiche Sensoren und Aktoren, darunter piezoelektrische Wandler und Ultraschallgeräte, nutzen diese Eigenschaft. Aktuatoren aus Bariumtitanat werden in Produkten wie Tintenstrahldruckern, Ultraschallreinigern und präzisen Positionierungssystemen eingesetzt. Aufgrund seiner piezoelektrischen Eigenschaften wird Bariumtitanat in Unterwasser-Sonarwandlern eingesetzt. Keramische Kondensatoren werden häufig aus Bariumtitanat hergestellt, insbesondere für Anwendungen, die eine hohe Kapazität und Stabilität erfordern, wie z.B. Elektro- und Telekommunikationsgeräte. Dank seiner piezoelektrischen Eigenschaften eignet es sich für Drucksensoren, Beschleunigungsmesser und andere Messgeräte. Es wird als dielektrischer Resonator in Mikrowellen- und Hochfrequenzanwendungen eingesetzt, um den Frequenzgang von Schaltkreisen anzupassen und zu steuern. Durch das Hinzufügen von Zirkonium (Zr)-Ionen in die Kristallstruktur von Bariumtitanat ($BaTiO_3$) ist zirkoniumdotiertes Bariumtitanat eine Form von keramischem Material. Für bestimmte Zwecke werden die Eigenschaften des zugrundeliegenden Materials durch diesen Dotierungsprozess verändert. Bei der Herstellung oder Synthese von Bariumtitanat werden gezielt Zirkonium-Ionen zugesetzt. Die Eigenschaften des Materials ändern sich dadurch, dass diese Ionen einen Teil der Titan-Ionen in der Kristallstruktur ersetzen. Zirkonium kann unter anderem zur Einstellung der elektrischen, dielektrischen und piezoelektrischen Eigenschaften von Bariumtitanat verwendet werden. Der Grad der Zirkoniumdotierung und die Art der Herstellung bestimmen die genauen Veränderungen dieser Eigenschaften.

3.1 Synthese von reinem und Ce-dotiertem Bariumtitanat

B Ariumtitanat ist eine ferroelektrische Substanz, die potenzielle Anwendungen in keramischen Kondensatoren, Messwandlern, Sensoren usw. hat. Es kann durch viele Methoden wie Sol-Gel, Co-Präzipitation und Festkörperreaktion hergestellt werden. In dieser Arbeit haben wir die Festkörperreaktionsmethode verwendet, um reines und mit Cer dotiertes Bariumtitanat zu synthetisieren. Der Hauptvorteil dieser Methode besteht darin, dass sie für jedermann bequem und einfach zu handhaben ist und zweitens, dass sie eine gute Kontrolle über das Kornwachstum in der Probe ermöglicht.

3.1. (a) Materialien

Die Ausgangsmaterialien für die Synthese waren Bariumkarbonat ($BaCO_3$, Reinheit >99,5%), Titanoxid (TiO_2 (Anatas), Reinheit >99,5%) und Diceriumtrioxid ($Ce\,O_{23}$, Reinheit >99,99%) zur Herstellung von reinem und mit Cer dotiertem Bariumtitanat.

3.1. (b) Synthese von reinem und Ce-dotiertem Bariumtitanat

Die Bariumtitanatpartikel wurden durch die Festkörperreaktionsmethode hergestellt. Bei der Synthese haben wir bei Bedarf doppelt destilliertes Wasser verwendet. Das Ausgangsmaterial für reines Bariumtitanat war Bariumcarbonat und Titanoxid. Beide Materialien wurden in Form von getrocknetem Pulver entnommen und sorgfältig in der für die Synthese benötigten Menge eingewogen. Für Ce-dotiertes Bariumtitanat wurden Bariumcarbonat, Titanoxid und Diceriumtrioxid verwendet. Nach dem Abwiegen der Ausgangsstoffe werden diese in einem Mörser zu feinem Pulver verarbeitet, indem sie etwa 15-20 Minuten lang gründlich gemischt und gemahlen werden. Die Konzentration für die Cer-Dotierung wurde gemäß der Grundformel $Ba_{1-x}Ce_{2x/3}TiO_3$, mit x=0,5%,1%,2%,3%,4%,5%, festgelegt. Nach der Feinvermahlung wurden alle Pulver in vorgeheizte Tiegel gegossen und anschließend 4 Stunden lang bei 1000°C gebrannt, bevor sie bei Raumtemperatur abkühlten. Beim Abkühlen des Pulvers sind einige Klumpen vorhanden. Die abgekühlten Pulver wurden dann in einem Mörserstößel gesammelt und etwa 10-15 Minuten lang gründlich gemahlen, um ein feines Pulver herzustellen. Das fein gemahlene Pulver wurde dann erneut in einen vorgeheizten Tiegel gegossen und 4 Stunden lang bei 1000°C in einem Muffelofen gebrannt. Anschließend wurde es bei Raumtemperatur abgekühlt und zu feinem Pulver gemahlen. Das feine Pulver wurde dann in einem Becherglas gesammelt und mit 25 ml destilliertem Wasser gewaschen und anschließend 10-12 Minuten lang mit Ultraschall beschallt. Die beschallte Lösung wurde in Ruhe gelassen, dann wurde das überschüssige Lösungsmittel abgegossen und die Mischung über Nacht im Ofen getrocknet. Die getrocknete Mischung wurde mit Hilfe eines Spatels in Bechern aufgefangen und mit Hilfe eines Achatmörsers 10-15 Minuten lang fein gemahlen. Das feine Pulver, das wir als Bariumtitanat (rein) und Ce-dotiertes Bariumtitanat erhielten, wurde in Glasflaschen gesammelt und zur

Charakterisierung verschickt. Die Probencodierung für diese Arbeit lautete S1 für die reine Probe, S2, S3, S4, S5, S6 für Ce 0,5%, 1%, 2%, 3%, 4% und 5% der Dotierungskonzentration.

Tabelle 3.1 Probenvorbereitung mit Basisformel $Ba_{1-x} Ce_{2x/3} TiO_3$.

S.NO.	Composition	Sample coding	$BaCO_3$	TiO_2	$Ce_2(CO_3)_3$
1	$BaTiO_3$	S1	6.38066gm	2.6622gm	0.00gm
2	$[Ba_{0.99}Ce_{0.0066}]TiO3$	S2	6.5122gm	2.6622gm	0.1012gm
3	$[Ba_{0.98}Ce_{0.0133}]TiO_3$	S3	6.4464gm	2.6622gm	0.2040gm
4	$[Ba_{0.97}Ce_{0.0200}]TiO_3$	S4	6.3806gm	2.6622gm	0.3068gm
5	$[Ba_{0.96}Ce_{0.0266}]TiO_3$	S5	6.3148gm	2.6622gm	0.40807gm
6	$[Ba_{0.95}Ce_{0.0333}]TiO_3$	S6	6.2491gm	2.6622gm	0.51087gm

Flowchart of experimental technique as shown in Fig 3.1.

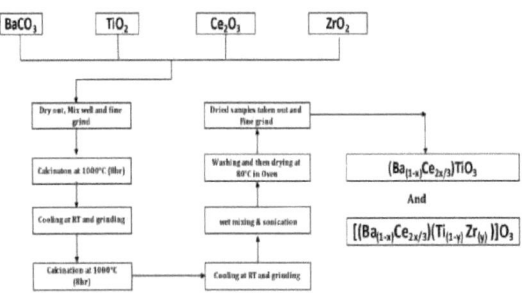

Abb. 3.1 Flussdiagramm der Synthesearbeit

3.3 Charakterisierungstechniken

Charakterisierungstechniken umfassen eine Vielzahl von Ansätzen, die in verschiedenen Zweigen der Forschung und Technik eingesetzt werden, um die Eigenschaften, den Aufbau, die Zusammensetzung und das Verhalten von Substanzen, Systemen und Materialien zu untersuchen und zu verstehen. Diese Methoden sind für die Analyse, die Qualitätssicherung und die Entwicklung neuer Technologien unerlässlich. Einige der Techniken sind hier aufgeführt.

3.3.1 Röntgenbeugung (XRD)

Röntgenbeugung (XRD): Eine wirkungsvolle Methode zur Bestimmung der Kristallstruktur eines Materials ist die Röntgenbeugung (XRD). Sie liefert nützliche Details über die Anordnung der Atome in einem Kristallgitter, einschließlich der Eigenschaften der Einheitszelle des Kristalls, der Symmetrie und der kristallographischen Ausrichtung. Unter den fünf Arten von XRD, d.h. Pulverröntgenbeugung, Einkristallröntgenbeugung, Röntgenkleinwinkelstreuung, Röntgenweitwinkelstreuung und resonante Röntgenstreuung, entscheiden wir uns für die Pulverröntgenbeugungsmethode. Diese Röntgenbeugungsmethoden sind nützlich, um eine Vielzahl von Materialien zu analysieren, von Pulvern und Kristallen bis hin zu Nanostrukturen und komplizierten Materialien, und ihre strukturellen Eigenschaften zu verstehen. Um neue Materialien zu entwickeln und bestehende zu verbessern, setzen Forscher XRD ein, um die atomare Struktur von Materialien zu verstehen. Das unten abgebildete Gerät wird verwendet, um das XRD-Muster für die Proben aufzunehmen. Das Gerät ist Bruker, D8 Discover, Röntgenquelle Cu, 3KW. Probentisch Eulersche Wiege mit 6 Freiheitsgraden, optisches System 2D-Flächen-Detektor, Szintillationsdetektor, Pulverdiffraktion, Kippkurve, Röntgenreflektometrie, Beugungsmessungen im streifenden Einfall und Strukturverfeinerung. Temperaturbereich RT bis 1773K (hohe Temperatur) und 77K bis RT (für niedrige Temperatur). Die Art der Messung ist Pulverbeugung, Dünnschichtbeugung, Kleinwinkelbeugung. Wir haben die Pulverbeugung für unsere Datenauswertung verwendet. Eine wellenlängenspezifische Röntgenquelle, in der Regel eine Röntgenröhre, ist Teil des Diffraktometers. Die Kupfer-Ka-Strahlung (Cu Kα) mit einer Wellenlänge von 1,5406 Angström (Å) ist eine der häufig verwendeten Wellenlängen. Die zu untersuchende Probe wird auf einem Probenhalter ausgebreitet, bei dem es sich entweder um eine pulverförmige Probe oder einen dünnen kristallinen Wafer handeln kann. Für die Untersuchung der Pulverdiffraktion wird das Material in der Regel fein pulverisiert, um eine zufällige Ausrichtung der Kristallite zu gewährleisten. Die Probe wird von einem Goniometer gehalten, einer rotierenden Plattform, die eine genaue Positionierung in Bezug auf den einfallenden Röntgenstrahl ermöglicht. Die Probe kann durch diese Plattform in drei Dimensionen gedreht werden, wodurch es möglich ist, Daten aus verschiedenen kristallographischen Ebenen zu sammeln. Um die gebeugten Röntgenstrahlen zu sammeln, wird ein Detektor - z. B. ein Festkörperdetektor oder Szintillationsdetektor - auf der anderen Seite der Probe positioniert. Die Röntgenintensität wird vom Detektor als Funktion des Beugungswinkels aufgezeichnet. Die Messparameter, einschließlich des Scanbereichs, der Schrittgröße und der Dauer der Datenerfassung, können vom Bediener mithilfe eines Computers oder einer speziellen Software geändert werden. Das endgültige Beugungsmuster oder die strukturellen Details werden von dem Programm geliefert, das auch bei der Datenverarbeitung hilft. Das Bragg'sche Gesetz, das besagt,

dass die Wellenlänge der Röntgenstrahlen dem Abstand zwischen den Atomebenen im Kristallgitter unter einem bestimmten Winkel entsprechen muss, damit konstruktive Interferenz auftritt, ist die Grundlage der Röntgenbeugungstheorie. Ein Beugungsmuster, das aus Peaks besteht, die die Intensität der gebeugten Röntgenstrahlen anzeigen, wird durch die Einstellung des Winkels des Detektors in Bezug auf den einfallenden Röntgenstrahl erzeugt. Die Kristallstruktur oder andere strukturelle Details der Probe können durch die Analyse der Positionen und Intensitäten dieser Peaks identifiziert werden.
Spitzenwerte.

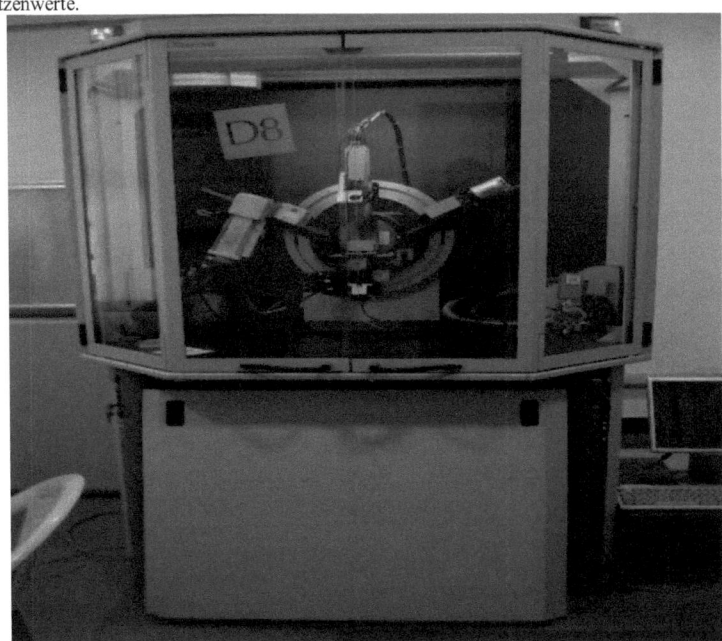

Abb. 3.2 Röntgen-Diffractometer Bruker, D8 Discover

In der Materialwissenschaft werden Röntgendiffraktometer häufig eingesetzt, um die Struktur einer Vielzahl von Materialien wie Metallen, Keramiken, Polymeren usw. zu untersuchen. Das Verständnis der Eigenschaften und des Verhaltens von Materialien in einer Vielzahl von Zusammenhängen, wie z.B. bei der Herstellung von Halbleitern, erfordert die Kenntnis dieser Informationen.

3.3.2 Fourier-Transformations-Infrarot-Spektroskopie (FTIR)

Fourier-Transformations-Infrarot-Spektroskopie (FTIR): Die Fourier-Transformations-Infrarot-Spektroskopie, manchmal auch als FTIR bezeichnet, ist eine leistungsstarke Analysemethode zur Bestimmung der chemischen Zusammensetzung von Substanzen auf der Grundlage ihrer

Wechselwirkung mit Infrarotlicht. Ein Teil des infraroten Lichts, das in eine Probe eindringt, wird von den Molekülen absorbiert, wodurch die Moleküle in Schwingung versetzt werden. Jedes Material hat ein anderes Infrarotspektrum, da verschiedene chemische Bindungen und funktionelle Gruppen in den Molekülen mit unterschiedlichen Frequenzen schwingen. Das FTIR-Spektrum (oft angegeben in cm^{-1}) zeigt die Fähigkeit der Probe, Infrarotlicht bei verschiedenen Wellenzahlen zu absorbieren. Dieser mathematische Prozess erzeugt ein Infrarotspektrum, das die Absorption von Infrarotlicht bei verschiedenen Wellenlängen zeigt, indem das Interferogramm vom Zeitbereich in den Frequenzbereich umgewandelt wird. Das resultierende Infrarotspektrum gibt Aufschluss über die Schwingungen der chemischen Bindungen in der Probe und ist eine Darstellung der Intensität im Verhältnis zur Wellenzahl (oder Frequenz). Die chemische Zusammensetzung und die funktionellen Gruppen des Materials werden durch die Analyse der Peaks und Muster im Spektrum bestimmt. Um die in der Probe enthaltenen funktionellen Gruppen und chemischen Verbindungen zu bestimmen, interpretieren Analytiker das Spektrum, indem sie die Peaks und Muster mit Referenzspektren oder Datenbanken vergleichen. Das Spektrum wurde zwischen 400 und 4000 cm^{-1} beobachtet. Die FTIR-Untersuchung von Materialien ist für die qualitative und quantitative Untersuchung nützlich und liefert entscheidende Details über ihre chemische Struktur und Zusammensetzung. Bei dem Gerät handelt es sich um ein Nicolet iS50 FTIR Tridetektor-Goldflex-Spektrometer mit einer Auflösung von 0,09 cm^{-1}. Das Gerät ist ein automatischer Strahlteiler-Austausch MIR-FIR, DLaTGS-Detektor mit einem Scanbereich von 400-4000 cm^{-1}.

Das iS50 ist mit einer Reihe von Probenahmezubehör und -methoden ausgestattet, darunter abgeschwächte Totalreflexion (ATR), Transmission und Reflexion. Die Analyse verschiedener Probenarten, darunter Feststoffe, Flüssigkeiten und Gase, wird durch diese Alternativen ermöglicht. Im Lieferumfang des Geräts ist eine Software enthalten, die speziell für die Datenerfassung, Spektrenverarbeitung und Analyse entwickelt wurde. Die Benutzer können quantitative Analysen, Peak-Erkennung und Basislinienkorrekturen durchführen. Die modulare Architektur des Nicolet iS50 ist dafür bekannt, dass sie Erweiterungen und Personalisierungen ermöglicht. Um bestimmten Forschungs- oder Analyseanforderungen gerecht zu werden, können die Benutzer weiteres Zubehör und Module hinzufügen. Das Nicolet iS50 verfügt über Netzwerkfähigkeiten, Schnittstellen für die Datenspeicherung und -übertragung und den Datenexport in viele Dateiformate, neben anderen Möglichkeiten der Datenausgabe. Mithilfe der Fähigkeiten des Nicolet iS50 können Wissenschaftler und Analytiker mehr über den molekularen Aufbau und die Struktur verschiedener Proben erfahren, was ihnen hilft, bessere Urteile zu fällen und ihre Forschung weiterzuentwickeln. Zur Datenerfassung wird das in der Abbildung unten gezeigte Gerät verwendet.

Abb. 3.3 Nicolet iS50 FTIR Tridetektor

3.3.3 UV-VIS-Spektroskopie

Eine beliebte Analysetechnik ist die UV-visuelle Spektroskopie, die das Ausmaß misst, in dem ein Material ultraviolettes und sichtbares Licht durchlässt oder absorbiert. Diese Methode ist nützlich, um die elektronische Zusammensetzung und Konzentration von Substanzen in Lösungen oder festen Formen zu bestimmen. Das Kernkonzept der UV-Vis-Spektroskopie ist die Vorstellung, dass Moleküle im UV- und sichtbaren Bereich des elektromagnetischen Spektrums Licht absorbieren. Wenn ein Molekül Licht absorbiert, kommt es zu elektronischen Übergängen, bei denen Elektronen von Zuständen mit niedriger Energie (Grundzustand) in Zustände mit höherer Energie (angeregte Zustände) wandern. Die Konzentration der absorbierenden Spezies korreliert direkt mit der Menge des absorbierten Lichts. Die Absorption (A) gegen die Wellenlänge (λ) oder die Transmission (%T) gegen die Wellenlänge (λ) von UV-VIS-Spektren wird angezeigt. Absorptionsspitzen oder Banden bei bestimmten Wellenlängen, die mit elektronischen Übergängen korrelieren, sind wichtige spektrale Merkmale. Die Beziehung zwischen der Intensität dieser Peaks und der Konzentration der absorbierenden Spezies ist leicht zu verstehen. Aufgrund ihrer Einfachheit, Schnelligkeit und Fähigkeit, wesentliche Informationen über die chemischen und physikalischen Eigenschaften von Substanzen zu liefern, ist die UV-Vis-Spektroskopie eine nützliche und anpassungsfähige Analysetechnik sowohl für die Forschung als auch für die konventionelle Bewertung.

3.3.4 Technik des Impedanzanalysators

Ein wissenschaftliches Gerät zur Messung der Impedanz eines Schaltkreises oder einer Substanz in Abhängigkeit von der Frequenz ist ein Impedanzanalysator, der manchmal auch als Impedanzspektroskopie-Analysator oder Impedanzmessgerät bezeichnet wird. Widerstand (R) und Reaktanz (X) sind zwei Komponenten der komplizierten Größe Impedanz, die beschreibt, wie ein Material oder ein Schaltkreis auf elektrische Wechselstromimpulse bei verschiedenen Frequenzen reagiert. Impedanzanalysatoren werden in verschiedenen Disziplinen eingesetzt, darunter Elektrochemie, Biologie, Materialwissenschaft und Elektronik. Impedanzanalysatoren legen ein Wechselspannungssignal über eine Vielzahl von Frequenzen an das zu testende Produkt oder die Substanz an. Die Impedanz wird dann durch Messung der daraus resultierenden Wechselstromantwort bestimmt und aus Z=R+jX abgeleitet, wobei R der Widerstand und X die Reaktanz ist. Ein Impedanzspektrum wird durch Messung der Impedanz bei verschiedenen Frequenzen erstellt. Nyquist-Diagramme oder Bode-Diagramme, die die Impedanz in der komplexen Ebene bzw. als Betrag und Phase im Verhältnis zur Frequenz darstellen, sind zwei gängige Methoden zur Darstellung von Impedanzdaten. Diese Diagramme werden von Wissenschaftlern und Ingenieuren analysiert, um Details über die Eigenschaften des Systems zu erfahren, einschließlich Zeitkonstanten, Kapazität, Widerstand und mehr. Impedanzanalysatoren können bei Frequenzen von Millihertz (mHz) bis Gigahertz (GHz) arbeiten, je nach den Fähigkeiten des jeweiligen Geräts und den Anforderungen der Anwendung. Insgesamt gesehen sind Impedanzanalysatoren unerlässlich, um das elektrische Verhalten verschiedener Systeme zu verstehen. Sie ermöglichen es Forschern und Ingenieuren, Designs zu verbessern, Probleme zu lösen und neue Technologien in einer Vielzahl von Disziplinen zu entwickeln.

Der Nova control Dielectric/Impedance Analyzer ist ein wissenschaftliches High-Tech-Gerät zur Bestimmung der elektrischen Eigenschaften eines Materials, insbesondere seiner dielektrischen und Impedanz-Eigenschaften. Es ist ein flexibles Instrument, das unter anderem in der Materialwissenschaft, Elektronik und Elektrochemie eingesetzt wird. Die Betriebsfrequenz des Geräts beträgt 10^{-3} bis 10^7 Hz bei einer Temperaturschwankung von -196°C bis 300°C. Die Fähigkeit des Analysators, die Impedanz zu messen, die Widerstand und Reaktanz umfasst, ist entscheidend für die Beschreibung des elektrischen Verhaltens von Materialien und Geräten. Die automatische Kalibrierung von Hardware-Gerät und Probenzelle. Die optionale Software zur Kurvenanpassung - Win Fit. In der Materialwissenschaft werden nova control Analysatoren häufig eingesetzt, um die elektrischen Eigenschaften einer Vielzahl von Materialien zu untersuchen, darunter Verbundwerkstoffe, Polymere, Keramiken und mehr. Durch die Untersuchung des Materialverhaltens, wie Leitfähigkeit, dielektrischer Verlust und Relaxationsprozesse, können Forscher neue Erkenntnisse gewinnen. Das unten abgebildete Gerät wird für die dielektrische Untersuchung des Materials unserer Proben verwendet.

Abb. 3.4 Gerät für Impedanzspektroskopie

3.3.5 Mikroskopie

Die Mikroskopie ist eine wissenschaftliche Methode, bei der Mikroskope verwendet werden, um Objekte oder Proben zu analysieren und zu vergrößern, die zu klein sind, um sie mit dem bloßen Auge zu betrachten. Mikroskope sind wichtige Instrumente in vielen wissenschaftlichen Disziplinen, darunter Biologie, Chemie, Materialwissenschaften, Geologie und andere. Mit ihnen können Forscher mikroskopische Strukturen, Zellen, Gewebe und andere kleine Dinge im Detail untersuchen. Anstatt Licht zu verwenden, können Elektronenmikroskope Objekte mit weitaus höheren Vergrößerungen und Auflösungen vergrößern und auflösen. Es gibt zwei Haupttypen: die Transmissionselektronenmikroskopie (TEM) zur Untersuchung innerer Strukturen und die Rasterelektronenmikroskopie (SEM) zur 3D-Oberflächenabtastung.

Beim SEM wird die Oberfläche einer Probe mit einem fokussierten Elektronenstrahl abgetastet. Wenn die Elektronen mit der Probenoberfläche interagieren, werden verschiedene Signale erzeugt, darunter Sekundärelektronen, rückgestreute Elektronen und Röntgenstrahlen. Die REM wird häufig für die Fotografie der Topographie und Morphologie von Objekten eingesetzt, da sie umfassende 3D-Oberflächeninformationen liefert.

Bei der TEM wird ein fokussierter Elektronenstrahl durch ein dünnes Material geleitet. Das Bild wird anschließend auf einem Fluoreszenzbildschirm oder einem digitalen Detektor mit Hilfe dieses übertragenen Elektronenstrahls erstellt. Wissenschaftler können die innere Architektur von Zellen, subzellulären Organellen, Viren, Kristallen und Nanomaterialien mit atomarer oder nahezu atomarer Auflösung mit Hilfe der TEM betrachten, die außerordentlich hohe Vergrößerungen erreichen kann. Mit Methoden wie der energiedispersiven Röntgenspektroskopie (EDS oder EDX) und der flächenhaften Elektronenbeugung (SAED) kann das TEM auch Details über die Kristallographie und Zusammensetzung von Materialien liefern.

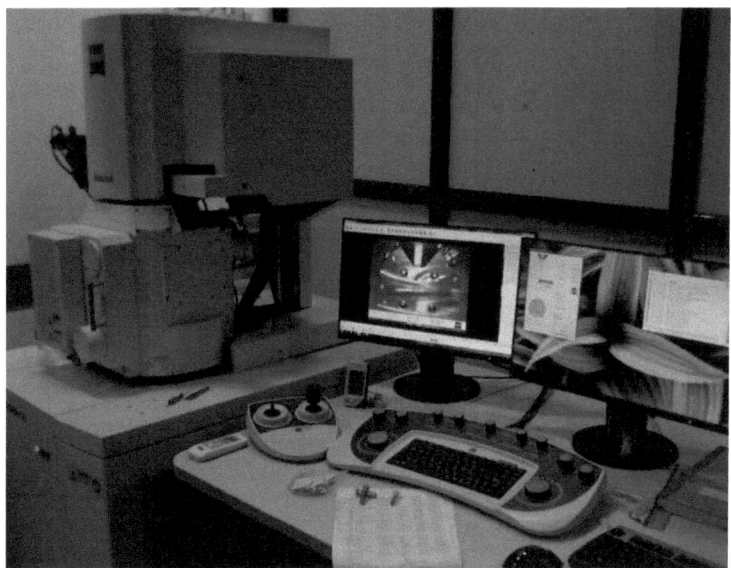

Abb. 3.5 Feldemissions-Rasterelektronenmikroskop (FESEM) Zeiss GeminiSEM 500
Der renommierte Hersteller wissenschaftlicher Spitzengeräte, Carl Zeiss Microscopy, produziert das Rasterelektronenmikroskop (REM) Typ Zeiss GeminiSEM 500. REMs sind effektive Instrumente, die in einer Vielzahl von wissenschaftlichen und industriellen Bereichen eingesetzt werden, um die Oberflächentopographie, Morphologie und Zusammensetzung von Materialien mit hoher Auflösung zu visualisieren und zu analysieren. Das oben gezeigte Gerät wird zur Erfassung morphologischer Daten mit einer hohen Auflösung von 50x-2000000x verwendet. Die Beschleunigungsspannung beträgt 0,02-30kV, der Sondenstrom 3pA-20nA. Mit seinen vielen ausgefeilten Funktionen und Möglichkeiten ist das Zeiss GeminiSEM 500 für eine Vielzahl von Anwendungen geeignet. Da das Gerät mit niedrigen Beschleunigungsspannungen betrieben werden kann, lassen sich Strahlenschäden an zerbrechlichen Materialien verringern und empfindliche biologische Proben abbilden. Eine integrierte Alternative für die Elementanalyse ist die energiedispersive Röntgenspektroskopie (EDS oder EDX), die charakteristische Röntgenstrahlen erkennt, die beim Beschuss der Probe mit Elektronen entstehen, und

Informationen über die Zusammensetzung der Probe liefert.

Sowohl das TEM als auch das SEM sind komplizierte Geräte, die spezielle Probenvorbereitungsmethoden erfordern, wie z.b. das Schneiden von Dünnschnitten für das TEM und das Beschichten mit einer leitenden Schicht für das SEM. Um Interferenzen und Elektronenstreuung zu vermeiden, werden für den Betrieb von Elektronenmikroskopen in der Regel Vakuumkammern verwendet. Zahlreiche wissenschaftliche Disziplinen, darunter Biologie, Materialwissenschaft, Nanotechnologie, Geologie und andere, nutzen die Elektronenmikroskopie auf vielfältige Weise. Sie hat unser Verständnis der Nanowelt erheblich verbessert und zu mehreren wissenschaftlichen und technologischen Durchbrüchen beigetragen. Thermo Fisher Scientific stellt das TALOS S Transmissionselektronenmikroskop (TEM) her, das zur TALOS-Serie (Thermo Fisher Advanced Liquid and Optical System) von TEM-Geräten gehört. Die Kryo-Transmissionselektronenmikroskopie (Kryo-TEM) ist eine Technik, mit der biologische Proben, Makromoleküle und andere Materialien bei kryogenen Temperaturen betrachtet werden können. Das TALOS S ist speziell für diesen Zweck entwickelt worden. Das Kryo-TEM ist ein unschätzbares Instrument, um die ursprünglichen Strukturen biologischer Proben zu erhalten und die komplizierten Merkmale der Strukturen verschiedener Materialien zu untersuchen. Das TALOS S ist häufig mit einer benutzerfreundlichen Software und einer automatischen Datenerfassung ausgestattet, die das Einrichten von Studien, das Sammeln von Daten und die Verarbeitung von Fotos für die Benutzer vereinfachen. Eine Field Emission Gun (FEG) Elektronenquelle, die einen extrem gleichmäßigen und konzentrierten Elektronenstrahl für die Bildgebung und Analyse liefert, ist in der Regel im Lieferumfang enthalten. Materialwissenschaftler verwenden das TALOS S zur Untersuchung der Mikrostruktur und der Eigenschaften vieler Materialien, einschließlich Nanomaterialien und Nanopartikeln. Es ist nützlich für die Materialcharakterisierung und die Forschung im Bereich der Nanotechnologie. Korngrenzen, Versetzungen und Kristallstrukturen werden im Detail erfasst. Das TEM ist für die Beschreibung von Nanomaterialien, Nanopartikeln und Nanostrukturen unverzichtbar. Die TEM-Analyse ist eine unverzichtbare Technik, um die Struktur und die Eigenschaften verschiedener Materialien zu verstehen, da sie eine außergewöhnlich hohe Auflösung bis hinunter auf die atomare Ebene bietet. Sie hat unser Verständnis der Nanowelt verändert und steht nach wie vor an der Spitze der wissenschaftlichen Forschung und des Lernens, der Verteilung, der Größe und der Formerhaltung. Die folgende Abbildung zeigt die hochauflösenden Morpho-Grafiken für die vorbereiteten Proben.

Abb. 3.6 HR TEM TALOS S Gerät

Kapitel 4. Ergebnisse und Erörterungen

4.1 Röntgenbeugung (XRD)

Die Ergebnisse und die Diskussion beinhalten Informationen über die Struktur, die morphologische, dielektrische und optische Analyse. Die Ergebnisse beginnen mit der Röntgenpulverdiffraktionsmethode, die vollständige Informationen über die Struktur und die Zellparameter liefert.

4.1.1 Röntgenbeugung (XRD) von reinem und Ce-dotiertem Bariumtitanat

Die Pulverbeugungsdaten von reinem und Ce-dotiertem BaTiO$_3$ mit der Basisformel [Ba$_{1-x}$ Ce$_{2x/3}$]TiO$_3$ wurden im Bereich 20° < 2θ < 70° mit einer Schrittweite von 0,02° pro Minute erfasst. Die Anwendungen QualX (**Altomare et al., 2015**) und Expo (**Altomare et al., 2013**) wurden verwendet, um qualitative und quantitative Analysen der Probe durchzuführen. Die QualX-Peakprofilanalyse zeigt, dass keine der beiden Proben Sekundärphasen oder Verunreinigungen enthielt. Für die Phasenidentifizierung wurde die ICDD (PDF2) Datenbank als Referenzdatenbank verwendet. Die reine BaTiO3-Phase ist polykristallin und stimmt gut mit früheren Berichten überein (PDF2-Karte Nr. 00-081-2201). Die ICDD-Datenbank (PDF2 Karte Nr. 00-074-2491) wurde ebenfalls verwendet, um die dotierte Probe (BaTiO$_3$ / Ce0,5%) abzugleichen. Die Beugungsdaten wurden mit der EXPO XRD-Analysesoftware weiter ausgewertet. Die Datenanalyse ergab, dass die Raumgruppe von BaTiO3 P4-mm ist. Die Zellparameter wurden mit 3,99336 und 4,03076 ermittelt. Die Zellparameter für BaTiO3/Ce0,5% wurden mit 3,99582 und 4,02930 ermittelt. Die XRD-Daten wurden dann weiter untersucht, um die Kristallitgröße und die elastischen Eigenschaften zu bestimmen. Zur Schätzung der Kristallitgröße und der elastischen Eigenschaften können verschiedene Methoden wie die Scherrer-Methode, die Williamson-Hall-Analyse, die Größen-Dehnungs-Plot-Analyse und die Halder-Wagner-Methode verwendet werden. In unserer vorliegenden Arbeit haben wir die Scherrer-Methode und UDM zur Schätzung der Kristallitgröße verwendet.

4.1.1 (a) Scherrer-Methode

Beugung von Röntgenstrahlen Aufgrund des Effekts der Kristallitgröße und des inhärenten Dehnungseffekts verbreitert sich der Peak im Kristall. Die Peakverbreiterung wird normalerweise in zwei Teile unterteilt: physikalische Verbreiterung und instrumentelle Verbreiterung (**Delhez et al., 1982**), (**Das et al., 2010**), (**Dey & Das, 2018**). Die folgende Beziehung kann zur Anpassung der instrumentellen Verbreiterung verwendet werden:

$$\beta_{hkl}^2 = \beta_m^2 - \beta_i^2$$

Hier bezeichnet β$_{hkl}$ die korrigierte Verbreiterung, β$_m$ die gemessene Verbreiterung und β$_i$ die instrumentelle Verbreiterung. Die instrumentelle und physikalische Verbreiterung der Probe wurde als volle Breite beim halben Maximum (FWHM) quantifiziert.

Unter Verwendung der angepassten physikalischen Verbreiterung können wir die Scherrer-Gleichung verwenden, um die durchschnittliche Partikelgröße zu ermitteln **(Venkatalaxmi et al., 2004), (De & Gupta, 1984)**. Die Scherrer-Gleichung wird wie folgt ausgedrückt:

$$D = \frac{0.9\lambda}{\beta_{hkl}} \cdot \frac{1}{\cos\theta} \quad (1)$$

Dabei steht D für die Partikelgröße und λ ist die verwendete Wellenlänge. Gleichung (1) kann umgeordnet werden als

$$\cos\theta = \frac{0.9\lambda}{D} \cdot \frac{1}{\beta_{hkl}} \quad (2)$$

Der Graph zwischen $V\beta_{hkl}$ auf der x-Achse und $\cos\theta$ auf der y-Achse wird als Scherrer-Plot dargestellt. Gleichung (2) ist die Gleichung einer Geraden, die durch den Ursprung verläuft. Durch Messung der Steigung dieser Gleichung kann die Kristallitgröße berechnet werden. Die Kristallitgröße von $BaTiO_3$ wurde mit 73,36nm ermittelt. Die durchschnittliche Kristallitgröße unter Verwendung von Gleichung (1) wurde mit 71,59 nm ermittelt.

In der modifizierten Scherrer-Formel wird der Ansatz der kleinsten Quadrate verwendet, um Ungenauigkeiten beim Durchschnittswert der Kristallitgröße über alle Peaks zu reduzieren. Gleichung (2) kann umformuliert werden als:

$$\beta_{hkl} = \frac{0.9\lambda}{d\cos\theta} = \left(\frac{1}{\cos\theta}\right)\left(\frac{0.9\lambda}{d}\right) \quad (3)$$

Nimmt man den Logarithmus auf beiden Seiten, erhält man

$$ln\beta_{hkl} = ln\frac{1}{\cos\theta} + ln\frac{K\lambda}{d} \quad (4)$$

Gleichung (3) ist die Gleichung einer geraden Linie, wobei $ln\beta_{hkl}$ als x-Achse und $ln(1Z\cos\theta)$ als y-Achse zugewiesen ist. Die durchschnittliche Kristallitgröße wird anhand des Schnittpunkts der Linie mit der y-Achse bestimmt und beträgt 69,20 nm.

4.1.1(b) Gleichmäßiges Deformationsmodell (UDM)

Die Scherrer-Formel berücksichtigt nur die Auswirkungen der Kristallitgröße auf die Verbreiterung der XRD-Peaks, sagt aber nichts über die Mikrostruktur des Gitters aus. Die intrinsische Dehnung, die sich in den Nanokristallen aufgrund von Punktdefekten, Korngrenzen, Dreifachübergängen und Stapelfehlern entwickelt, kann mit dem Ansatz von Scherrer nicht berechnet werden **(Sumit Sarkar, n.d.),(Tagliente & Massaro, 2008)**. Es gibt viele Methoden wie die Williamson-Hall-Methode, die Warren-Averbach-Methode usw., die die Auswirkung der durch die Verformung verursachten XRD-Peakverbreiterung berücksichtigen und für die Berechnung der intrinsischen Verformung zusammen mit der Partikelgröße verwendet werden können. Unter all diesen Methoden ist die Williamson-Hall-Methode eine sehr einfache und vereinfachte Methode **(Warren & Averbach, 1952), (Balzar & Ledbetter, 1993)**. Demnach tritt eine physikalische Verbreiterung des Röntgenbeugungspeaks aufgrund der Größe und der Mikroverformung der Nanokristalle auf und die Verbreiterung kann wie folgt beschrieben werden:

$$\beta_{total} = \beta_{size} + \beta_{strain} \quad (6)$$

In unserer Arbeit werden die durchschnittliche Kristallitgröße und die Dehnung mit Hilfe einer modifizierten W-H-Gleichung wie dem Uniform Deformation Model (UDM) berechnet.

Das Modell der gleichmäßigen Verformung (UDM) berücksichtigt eine gleichmäßige Dehnung in der gesamten kristallographischen Richtung, die aufgrund von Kristallfehlern in den Kristall eingebracht wird. Mit anderen Worten, wir können sagen, dass UDM eine isotrope Dehnung berücksichtigt **(De & Gupta, 1984)**. Diese intrinsische Dehnung wirkt sich auf die physikalische Verbreiterung des XRD-Profils aus, so dass die durch die Dehnung induzierte Peakverbreiterung wie folgt ausgedrückt werden kann:

$$\beta_{strain} = 4\varepsilon \cdot \tan\theta \quad (7)$$

Die gesamte Verbreiterung aufgrund von Dehnung und Größe in einem bestimmten Peak mit dem Wert hkl kann wie folgt ausgedrückt werden,

$$\beta_{hkl} = \beta_{size} + \beta_{srain} \quad (8)$$

β_{hkl} ist die volle Breite bei der Hälfte der maximalen Intensität für verschiedene Ebenen.

$$\beta_{hkl} = \frac{k\lambda}{D} \cdot \frac{1}{\cos\theta} + 4\varepsilon \cdot \tan\theta \quad (9)$$

Nachdem wir die obige Gleichung umgestellt haben, erhalten wir,

$$\beta_{hkl} \cdot \cos\theta = \frac{k\lambda}{D} + 4\varepsilon \cdot \sin\theta \quad (10)$$

Die obige Gleichung ist eine Gerade und wird als Gleichung des Uniform Deformation Model (UDM) bezeichnet, die die isotrope Natur der Kristalle berücksichtigt. Abb. 3 zeigt die grafische Darstellung dieser Gleichung mit den Termen 4sinθ auf der x-Achse und hklcosθ auf der y-Achse, die den einzelnen $BaTiO_3$ Beugungspeaks entsprechen. Die Steigung der geraden Linie stellt die intrinsische Dehnung dar, während der Achsenabschnitt die durchschnittliche Partikelgröße des $BaTiO_3$ darstellt. Die Gitterausdehnung ist eine normale Ausdehnung, die durch eine Größenverengung verursacht wird, da die atomare Anordnung etwas verändert wird. Das Modell der gleichmäßigen Verformung schätzt die durchschnittliche Partikelgröße auf 82,04 nm. Die Steigung des UDM-Diagramms ist negativ, was auf eine Gitterkompression hinweist und somit eine intrinsische Dehnung in den Kristall einführt [8paper]. Aus der Steigung wurde die intrinsische Dehnung als -0,00221 berechnet. Die intrinsische Dehnung für Ce-dotiertes Bariumtitanat wird auf 0,00022 geschätzt. Eine höhere Konzentration von Ce-Ionen zeigt eine Veränderung der Kristallitgröße und eine leichte Veränderung der von der Expo-Software berechneten Kristallparameter. Tabelle (Zahl) zeigt die Veränderung der Kristallitgröße und der Dehnung mit steigender Dotierungskonzentration. Die ICDD PDF-2-Datenbank für BaTiO3:Ce(x=1%,2%,3%,4%&5%) entspricht der Nummer 00-210-0861. Die Phasenidentifizierung wurde mit Hilfe von QualX 2014 und ICDD als starke Referenzquelle durchgeführt. Die Ergebnisse für reines und Ce (x=0,5%) wurden bereits veröffentlicht. Die Spuren für Ba2TiO4 wurden ebenfalls mit Hilfe der ICDD-Datenbank identifiziert. Diese Spuren sind sowohl in reinen als auch in Ce-dotierten Proben zu sehen. Die Reaktion, die zwischen BaO, TiO2 und Ce2(CO3)3 stattfindet, führt zur Bildung dieser Spuren. Die Existenz einer reinen/einzigen Phase ohne sekundäre Phasen wird durch eine qualitative Untersuchung bestätigt. Bei der Phasenidentifizierung wurde die ICDD (PDF2) Datenbank als Referenzdatenbank verwendet. Reines Bariumtitanat hat eine polykristalline Struktur und stimmt gut mit früheren Studien überein (PDF2 Kartennummer 00-151-3252). Die ICDD-Datenbank (PDF2 Kartennummer 00-2100861) korreliert mit der dotierten Probe BaTiO3 (Ce 2%). Bei einem 2θ-Wert von 28,58° wurde in der dotierten Probe ein sehr kleiner Peak gefunden, der als in der Probe zurückgebliebenes CO3-Ion identifiziert wurde. Die Ergebnisse wurden bereits in der heutigen Ausgabe der Materialien veröffentlicht.

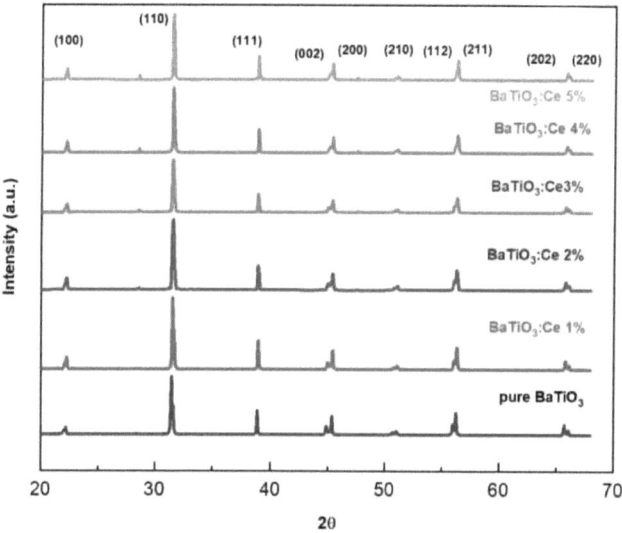

Abb. 4.1 Das XRD-Diagramm für reines und Ce-dotiertes BaTiO3

Abb. 4.1 zeigt die Peakposition von reinem und Ce-dotiertem Bariumtitanat. Es wurde beobachtet, dass bei 28° (2θ-Wert) ein Verunreinigungspeak in höherer Konzentration beobachtet wurde, der Ba_2TiO_4 darstellt. Außer dem Peak bei 28° wurden keine weiteren Verunreinigungspeaks identifiziert, nur die reine Phase wurde beobachtet.

Das UDM-Diagramm zeigt eine leichte Dehnung, die in den Proben induziert wird. Abb. 4.2 (a) zeigt das UDM-Diagramm für reines Bariumtitanat und (b) zeigt Ce-dotiertes Bariumtitanat für Ce 1%.

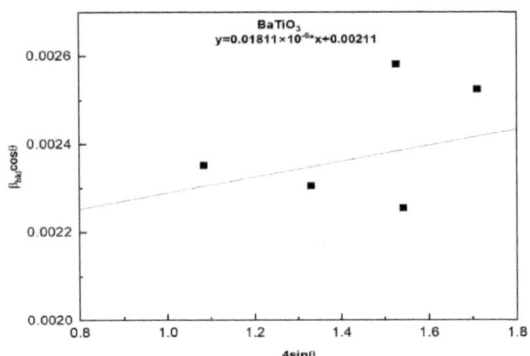

Abb. 4.2 (a) UDM-Diagramm für reines BT

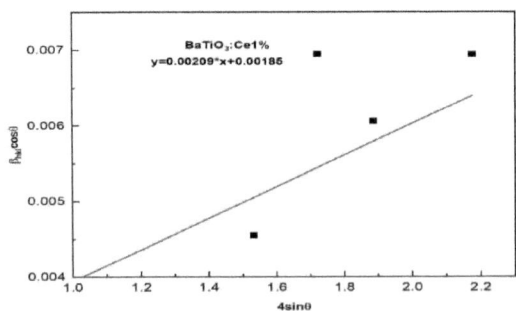

Abb. 4.2 (b) UDM-Diagramm für Ce (1%) dotiertes BaTiO3

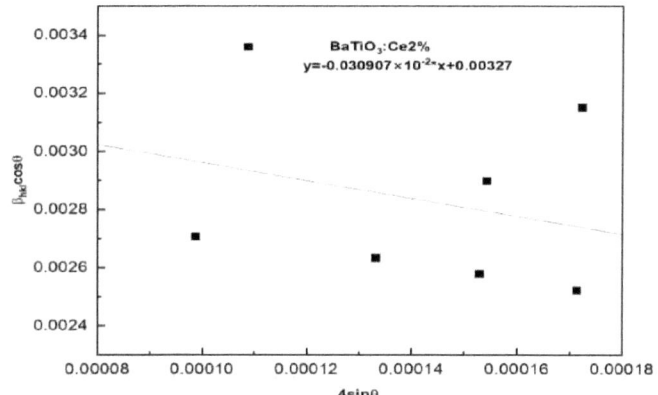

Abb. 4.2 (c) UDM-Diagramm für Ce (2%) dotiertes BaTiO3

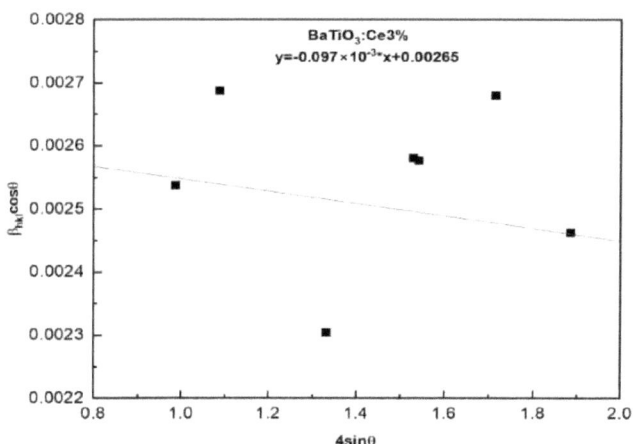

Abb. 4.2 (d) UDM-Diagramm für Ce (3%) dotiertes BaTiO3

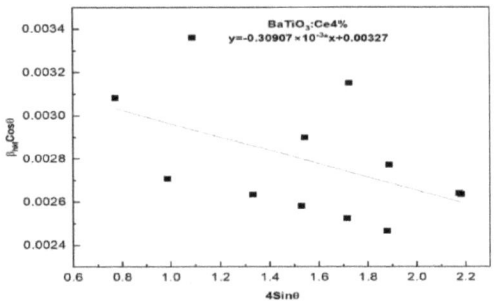

Abb. 4.2 (e) UDM-Diagramm für Ce (4%) dotiertes BaTiO₃

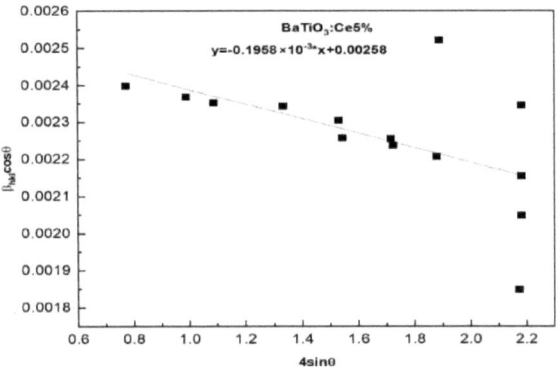

Abb. 4.2 (f) UDM-Diagramm für Ce (5%) dotiertes BaTiO₃

Der UDM-Ansatz wurde für die Bestimmung der Kristallitgröße für alle verschiedenen Ce-Ionenkonzentrationen verwendet, die in Tabelle 4.1 aufgeführt sind. Es zeigt sich, dass die Kristallitgröße zwischen 53 nm und 84 nm variiert, wie mit dem UDM-Ansatz berechnet. Der Wert der berechneten Dehnung zeigt eine negative Variation, was auf eine Kompression oder Schrumpfung innerhalb der Kristallstruktur hinweist. Der Einbau von Ce-Ionen in das Gitter führt zu einer Veränderung der Gitterparameter, die eine Verformung der Struktur bewirkt. Die Veränderung der Ti-O-Bindung führt ebenfalls zu einer Kompression des Gitters.

Tabelle 4.1 Kristallitgröße berechnet nach dem Scherrer- und UDM-Ansatz

S.No.	Sample Composition	Scherrer method crystallite size (in nm)	UDM Approach	
			Crystallite Size (in nm)	Strain (ε)
1	$BaTiO_3$	60.12	68.44	0.000221
2	$[Ba_{0.99}Ce_{0.0066}]TiO_3$	30.19	83.50	-0.00209
3	$[Ba_{0.98}Ce_{0.0133}]TiO_3$	50.18	53.32	-0.000309
4	$[Ba_{0.97}Ce_{0.0200}]TiO_3$	55.94	77.89	-0.00009
5	$[Ba_{0.96}Ce_{0.0266}]TiO_3$	58.84	58.53	-0.000247
6	$[Ba_{0.95}Ce_{0.0333}]TiO_3$	61.22	75.4418	-0.0001958

Die Zellparameter wurden mit der Software Expo für verschiedene Konzentrationen von Ce-Ionen berechnet. Die Struktur ist tetragonal und die Abmessungen der Struktur spielen eine wichtige Rolle. Die Gitterparameter für die Struktur sind 'a', 'b' und 'c'. Tetragonale Struktur a=b und b≠c, und α=β=γ=90°. Die mit der Expo-Software ermittelten Zellparameter sind 'a' und 'c'. Die berechneten Zellparameter sind in Tabelle 4.2 aufgeführt. Die Variationen in den Gitterparametern sind auf die Einbindung von Ce-Ionen zurückzuführen. Die identifizierte Raumgruppe ist P4mmm. Mit zunehmender Dotierungskonzentration kommt es zu einem leichten Anstieg der Gitterparameter.

Tabelle 4.2 Gitterparameter von Ce-dotiertem $BaTiO_3$

S.No.	Sample Composition	a (in Å)	C (in Å)
1	BaTiO$_3$	3.99508	4.03517
2	[Ba$_{0.99}$Ce$_{0.0066}$]TiO3	3.99508	4.03131
3	[Ba$_{0.98}$Ce$_{0.0133}$]TiO$_3$	4.00890	19.9740
4	[Ba$_{0.97}$Ce$_{0.0200}$]TiO$_3$	3.99621	12.08483
5	[Ba$_{0.96}$Ce$_{0.0266}$]TiO$_3$	5.65265	20.0683
6	[Ba$_{0.95}$Ce$_{0.0333}$]TiO$_3$	3.99821	20.02431

c/a-Verhältnis, das für das in dieser Arbeit durchgeführte Experiment berechnet und mit der Standarddatenbank verglichen wurde. Es ist zu beobachten, dass das Verhältnis leicht variiert, wie in der folgenden Tabelle 4.3 dargestellt.

Tabelle 4.3 c/a-Verhältnis für die experimentelle und die Standard-Datenbank mit steigender Dotierungskonzentration

S.No	Sample Composition	c/a ratio (as per standard ICDD database)	c/a ratio (Experimentally calculated)
1	BaTiO$_3$	1.0127	1.0100
2	[Ba$_{0.99}$Ce$_{0.0066}$]TiO$_3$	1.00839	1.0090
3	[Ba$_{0.98}$Ce$_{0.0133}$]TiO$_3$	1.00427	4.982
4	[Ba$_{0.97}$Ce$_{0.0200}$]TiO$_3$	1.0045	3.0240
5	[Ba$_{0.96}$Ce$_{0.0266}$]TiO$_3$	1.0045	3.5502
6	[Ba$_{0.95}$Ce$_{0.0333}$]TiO$_3$	1.0045	5.0083

4.1.2 Fourier-Transformations-Infrarot-Analyse (FTIR)

Die chemische Struktur der Materialien wurde mit einem Fourier-Transformations-

Infrarotspektrometer (Perkin Elmer, Spektrum zwei) analysiert. Die FTIR-Spektren wurden mit einer Schrittweite von $1 cm^{-1}$ im Bereich von 400 bis 4000 cm^{-1} aufgenommen. Die Proben, die diesen Prozess durchlaufen, werden zunächst mit KBr-Pulver pelletiert, und wir erhalten die Daten im Transmissionsmodus. Das FTIR-Muster von reinem und Ce-dotiertem Bariumtitanat ist in Abb. 4.3 (a)&(b, c, d, e, f, g) dargestellt. Die Abbildung zeigt die chemische Struktur der Materialien. Das Muster zeigt einen scharfen, intensiven Peak bei 475 cm^{-1}. Der Peak liegt in der Fingerprint-Region. Der Absorptionspeak bei 1600 cm^{-1} entspricht C=O und bei 3400 cm^{-1} wird ein breiter Peak beobachtet, der einer funktionellen Gruppe entspricht, die die O-H-Gruppe darstellt.

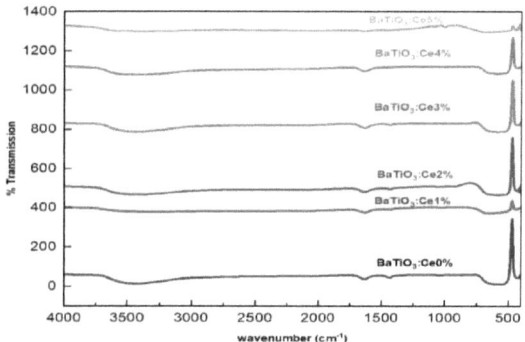

Abb. 4.3 (a) Vergleichendes FTIR-Muster von reinem und Ce-dotiertem Bariumtitanat

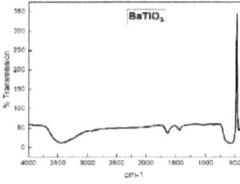

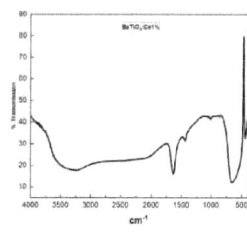

(c)

(b)

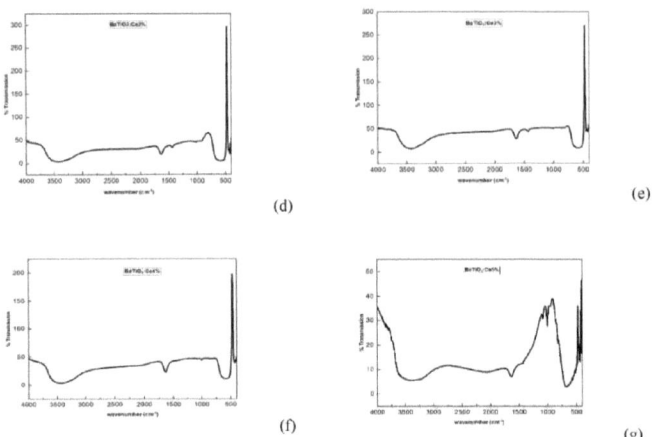

Abb. 4.3 (b, c, d, e, f & g) FTIR-Muster von Ce(1%-5%) dotiertem Bariumtitanat.

In Proben mit einer Ce-Konzentration von 1% und 5% gibt es einen intensiven Peak bei 980 cm^{-1}, was auf die Anwesenheit von Ce-Ionen als Dotierstoffe hinweist, die zu neuen Schwingungsmoden in der Struktur führen. Der Peak wird breiter, wenn die Dotierungskonzentration zunimmt. Die Proben mit unterschiedlichen Ce-Konzentrationen haben unterschiedliche Peak-Positionen bei 545 cm^{-1}, 646 cm^{-1}, 592 cm^{-1}, 597 cm^{-1}, 603 cm^{-1}, 674 cm^{-1} für jeweils 1%, 2%, 3%, 4% und 5%. Die Verschiebung der Peakposition ist auf die Ti-O-Ti-Streckschwingungen zurückzuführen, die im Bereich 545-674 cm^{-1} auftreten.

4.1.3 Thermogravimetrische Analyse (TGA)

Die Messung von Gewichtsänderungen eines Materials in Abhängigkeit von der Temperatur oder der Zeit ist eine Technik, die in der analytischen Chemie und der Materialwissenschaft eingesetzt wird. Die TGA ist besonders hilfreich bei der Erforschung von Materialabbau und thermischer Stabilität. Die Temperatur, bei der ein Material beginnt, sich thermisch zu zersetzen, wird häufig mittels TGA ermittelt. Diese Daten sind wichtig, um festzustellen, wie stabil das Material in verschiedenen Szenarien ist. Mit Hilfe der TGA können komplizierte Mischungsinhalte bewertet werden. So kann die TGA beispielsweise die Anzahl der Bestandteile und deren Anteile in einer Probe ermitteln, die zahlreiche Elemente mit unterschiedlichen thermischen Eigenschaften enthält. TGA ist hilfreich bei der Bewertung von Materialien, die beim Erhitzen Wasser oder zusätzliche flüchtige Bestandteile verlieren. Der Feuchtigkeitsgehalt des Materials oder das Vorhandensein von flüchtigen Bestandteilen kann anhand des Gewichtsverlusts und der Temperatur, bei der er auftritt, festgestellt werden. Materialien können mit Hilfe der TGA in einer kontrollierten Sauerstoff- oder Luftumgebung behandelt werden, um ihre oxidative Stabilität zu untersuchen. Sie hilft bei der Untersuchung, wie sich die Oxidation auf die Eigenschaften eines Materials auswirkt. Die TGA ist eine flexible Technik, die für Forschungsanwendungen unerlässlich ist, da sie aufschlussreiche Informationen über die Zusammensetzung und das thermische Verhalten verschiedener Materialien liefert.

Abb. 4.4 (a) und (b) zeigen das TGA-Diagramm für undotiertes Material. $BaCO_3$ und TiO_2 ist das Ausgangsmaterial für die Bildung von $BaTiO_3$.

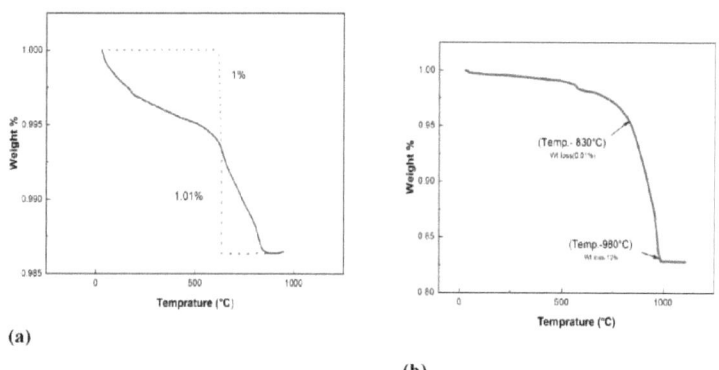

(a)

(b)

Abb. 4.4 (a &b) TGA-Diagramm von $BaTiO_3$

Das obige Diagramm zeigt die Situation, in der die Reaktanten zu kommunizieren beginnen. Es gibt eine Veränderung des Gewichtsprozentsatzes im Laufe der Zeit, da während der Reaktion das Gewicht mit steigender Temperatur abnimmt und dieser Prozess für jede chemische Reaktion normal ist. $BaCO_3$, während der Wechselwirkung mit TiO_2 zeigt eine Abnahme des Gewichtsprozentsatzes. Der Verlust der Eigenschaften kann mit dem an der Oberfläche adsorbierten Wasser zusammenhängen. Bei einer Temperatur von 650°C weist die Reaktion einen Gewichtsverlust von etwa 1 % auf. Nach dieser Temperatur zeigt die Reaktion schnell eine geringe Schwankung im Verlust und schreitet zu höheren Temperaturen fort. Sobald die Temperatur 950°C erreicht, ist die Reaktion stabil. Nach diesem Wert gibt es keinen Gewichtsverlust mehr und die Reaktion scheint stabil zu sein, wie in

Abb. 4.4 (a). Das zweite Diagramm zeigt die Situation nach Abschluss der Reaktion, da der Gewichtsverlust vernachlässigbar ist.

Die TGA ist eine flexible Technik, die sowohl für industrielle als auch für Forschungszwecke wichtig ist, da sie aufschlussreiche Informationen über die Zusammensetzung und das thermische Verhalten verschiedener Materialien liefert.

4.1.4 Ultraviolett-Visuelle Spektroskopie (UV-VIS)

Die UV-VIS-Spektroskopie ist eine gängige Technik, um die Absorption von Licht durch ein Material in Abhängigkeit von der Wellenlänge zu analysieren. UV-VIS gibt einen tiefen Einblick in die elektronische Struktur, die optischen Eigenschaften und die Konzentration der Ce-Dotierstoffe innerhalb des $BaTiO_3$ Gitters. Die Position und Intensität der Peaks geben Aufschluss über die Energieniveaus. Die Halbleitereigenschaften wurden durch die Berechnung der Bandlücke unter Verwendung der Tauc-Beziehung untersucht. Die Gleichung zur Berechnung der Bandlücke kann wie folgt ausgedrückt werden

$$(\alpha.h\nu)^{\frac{1}{\gamma}} = B(h\nu - E_g) \qquad (11)$$

Dabei ist h die Planck-Konstante, B eine Konstante, ν die Photonenenergie und E_g die Bandlückenenergie. Je nachdem, ob der Elektronenübergang der γ-Faktor ist, hat er die Werte '1/2' oder '2' für direkte bzw. indirekte Übergangs-Bandlücken **(Makula et al., 2018)**. Wir haben uns in dieser Arbeit nur mit Berechnungen der direkten Bandlücke befasst. Die Bandlücke wurde für reines Bariumtitanat mit 3,2 eV und für Ce-dotiertes Bariumtitanat mit 3,6 eV gemessen. Den Berechnungen zufolge steigt mit zunehmender Dotierungskonzentration auch die Bandlücke, was auf den Effekt der Kristallitgröße, eine geringe Dehnung in der Probe oder bestimmte Verunreinigungen zurückzuführen sein könnte, die laut XRD-Messungen in der Probe unreagiert bleiben.

Die Bandlücke wurde mit Hilfe von Gleichung (11) für reines und Ce-dotiertes Bariumtitanat berechnet. Abbildung 4.5 (a, b, c, d, e & f) zeigt die UV-VIS-Spektren für reines Bariumtitanat und Ce-dotiertes Bariumtitanat.

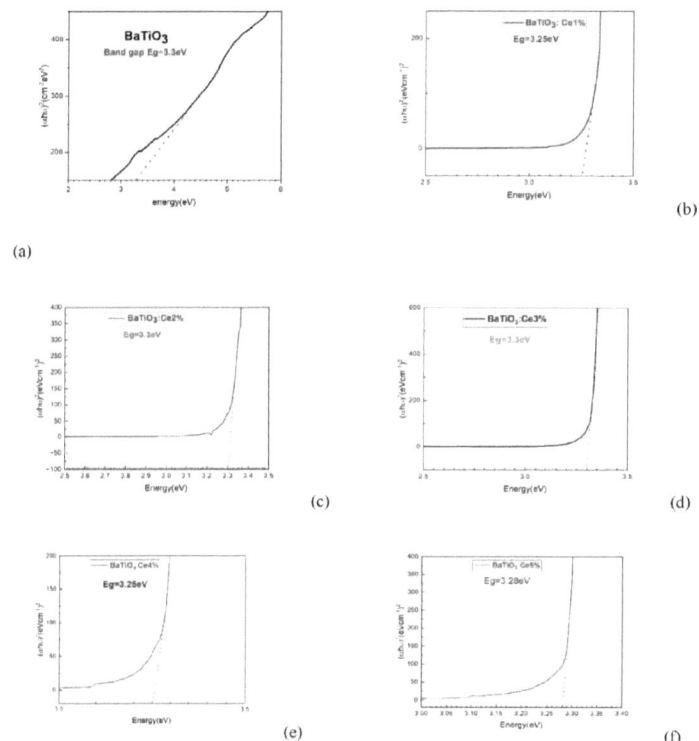

Abb. 4.5 (a, b, c, d, e, f) zeigt die Bandlücke für verschiedene Konzentrationen.

Die berechnete Bandlücke zeigt eine gute Abstimmbarkeit mit der Dotierungskonzentration. Diese Abstimmbarkeit macht es einzigartig für die Anwendung von optoelektronischen Geräten. Bei Geräten, die wellenlängenempfindlich sind, können wir diese Art der Abstimmbarkeit nutzen, um die Leistung des Geräts zu optimieren, die der spezifischen Wellenlänge des verwendeten oder zu emittierenden Lichts entspricht. Die Abstimmbarkeit für Solarzellengeräte ermöglicht auch

die bessere Absorption von Sonnenlicht und steigert die Effizienz. Die Abstimmbarkeit der Bandlücke erhöht die Effizienz des Bauelements und macht es vielseitig einsetzbar, z.B. in Photodetektoren, Solarzellen, LEDs und Lasern. Tabelle 4.4 zeigt die Bandlücke für verschiedene Ce-dotierte $BaTiO_3$ Zusammensetzungen.

Tabelle 4.4 Veränderung der Bandlücke von Ce-dotiertem $BaTiO_3$

S.NO.	Sample Composition	Band Gap (eV)
1	$BaTiO_3$	3.3eV
2	$[Ba_{0.99}Ce_{0.0066}]TiO_3$	3.25eV
3	$[Ba_{0.98}Ce_{0.0133}]TiO_3$	3.3eV
4	$[Ba_{0.97}Ce_{0.0200}]TiO_3$	3.3eV
5	$[Ba_{0.96}Ce_{0.0266}]TiO_3$	3.25eV
6	$[Ba_{0.95}Ce_{0.0333}]TiO_3$	3.28eV

4.1.5 Dielektrische Messungen

Dielektrische Untersuchungen werden häufig durchgeführt, um die elektrischen Eigenschaften von Bariumtitanat ($BaTiO_3$), einem bekannten ferroelektrischen Material, zu untersuchen, insbesondere seine Dielektrizitätskonstante, seine Polarisation und sein Hystereseverhalten. Für die Messung der Dielektrizitätskonstante von $BaTiO_3$ können verschiedene Techniken und Werkzeuge verwendet werden. Ein externes elektrisches Feld kann verwendet werden, um die inhärente elektrische Polarisation umzukehren, die ferroelektrische Materialien charakterisiert. Diese Eigenschaft zeigt $BaTiO_3$, eines der ferroelektrischen Materialien, die am meisten erforscht wurden. Aufgrund seiner ferroelektrischen Eigenschaften kann es in einer Vielzahl von Anwendungen eingesetzt werden, wie z.B. in piezoelektrischen Geräten, Kondensatoren und nichtflüchtigen Speichern. Der Phasenübergang von ferroelektrischen Mineralien wie $BaTiO_3$ findet bei einer entscheidenden Temperatur statt, die Curie-Temperatur (T_C) genannt wird. Unterhalb der Curie-Temperatur können sie in Abwesenheit eines externen elektrischen Feldes spontan polarisiert werden. Oberhalb von T_C verschwindet die Polarisierung. $BaTiO3$ zeigt ein komplexes ferroelektrisches Verhalten und durchläuft viele Phasenübergänge bei verschiedenen Temperaturen. In der vorliegenden Arbeit wurden die dielektrischen Messungen mit einem Impedanzanalysator durchgeführt. Die Impedanzspektroskopie ist eine vielseitige Technik für dielektrische Messungen. Schließen Sie die Probe an den Impedanzanalysator an und messen Sie die Impedanz über eine Reihe von Frequenzen. Zeichnen Sie die Real- und Imaginärteile der Impedanz (Z' und Z'') auf, um die komplexe Dielektrizitätskonstante als Funktion der Frequenz zu erhalten. Zusätzlich zu den frequenzabhängigen Messungen können Sie auch dielektrische Messungen bei verschiedenen Temperaturen durchführen, um die ferroelektrischen Phasenübergänge in BaTiO$_3$ zu untersuchen.

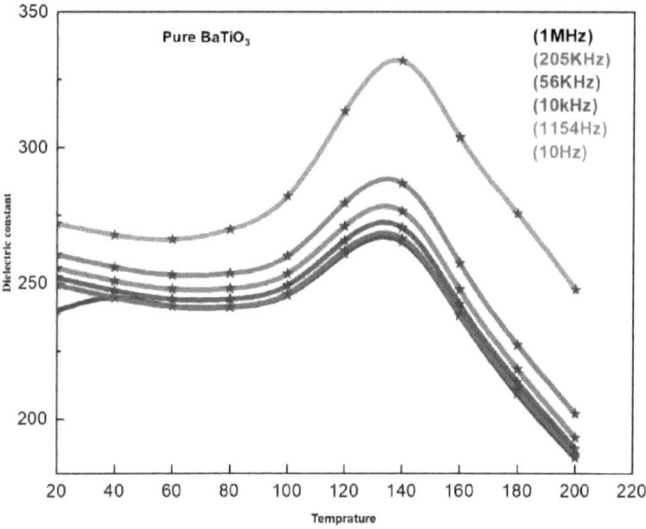

Abb. 4.6 Dielektrizitätskonstante V/s Temperatur(°C) bei verschiedenen Frequenzen

Die obige Abbildung gibt Aufschluss über die Dielektrizitätskonstante in Abhängigkeit von der Temperatur, wenn sie bei verschiedenen Frequenzen betrieben wird. Es zeigt sich, dass bei niedrigeren Temperaturen das Verhalten des Materials bei niedrigen Frequenzen fast gleich ist, d.h. linear. Wenn die Temperaturschwankungen zunehmen und 100°C erreichen, wird die Aufmerksamkeit der Materialien größer und mit dem niedrigeren Frequenzbereich wird beobachtet, dass der Wert der Dielektrizitätskonstante bis zu einem Wert von 350 ansteigt. Bei einer Temperatur zwischen 115°C und 140°C ändern sich die Eigenschaften der Probe. Diese Veränderungen können mit der Phasenverschiebung in Verbindung gebracht werden, die bei 137°C nahezu abgeschlossen ist. Nach 140°C kommt es zu einer Verschiebung der Position der verschiedenen Peaks in Bezug auf die Temperatur bei einer bestimmten Frequenz. Die dargestellte Abbildung gilt für reines Bariumtitanat (BaTiO$_3$).

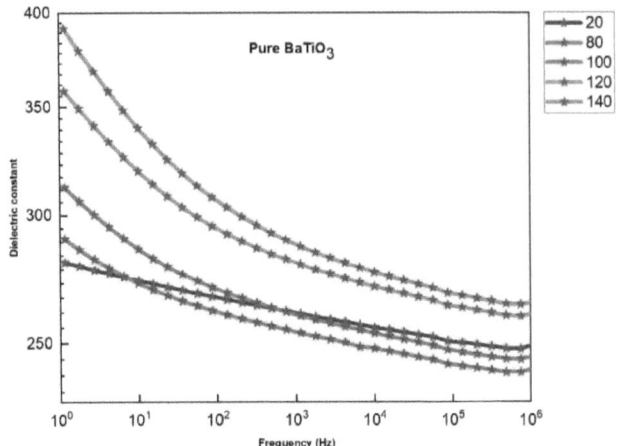

Abb. 4.7 Diagramm zwischen Dielektrizitätskonstante und Frequenz

Je nach Material gibt es verschiedene Beziehungen zwischen der Dielektrizitätskonstante und der Frequenz. Im Wesentlichen besitzt die Dielektrizitätskonstante die Fähigkeit, sich in Abhängigkeit von der Frequenz eines angelegten elektrischen Feldes zu verändern. Die Fähigkeit eines Materials, elektrische Energie in Gegenwart eines elektrischen Feldes zu speichern, wird durch seine Dielektrizitätskonstante gemessen. Abb. 4.7 gibt Aufschluss über die Polarisierung, die in dem Material bei verschiedenen Frequenzen und Temperaturschwankungen auftritt. Aus dem Diagramm geht hervor, dass die Dielektrizitätskonstante bei niedrigen Frequenzen und hohen Temperaturen einen hohen Wert im Bereich von 300 bis 400 aufweist. Mit zunehmender Frequenz nimmt der Wert der Dielektrizitätskonstante ab, was bedeutet, dass das Material eine gewisse Polarisierung aufweist. Wenn der Wert der Frequenz einen höheren Wert erreicht, wird die Dielektrizitätskonstante konstant. Der Wert der Dielektrizitätskonstante bei höheren Frequenzen liegt zwischen 240 und 275. Diese Art von Verhalten ist auf die dielektrische Dispersion zurückzuführen, die bei ferroelektrischen Materialien üblich ist und zu einer Verwendung in vielen Anwendungen wie Kondensatoren und bei der Entwicklung vieler Komponenten führt, die in verschiedenen elektronischen und elektrischen Anwendungen optimal funktionieren.

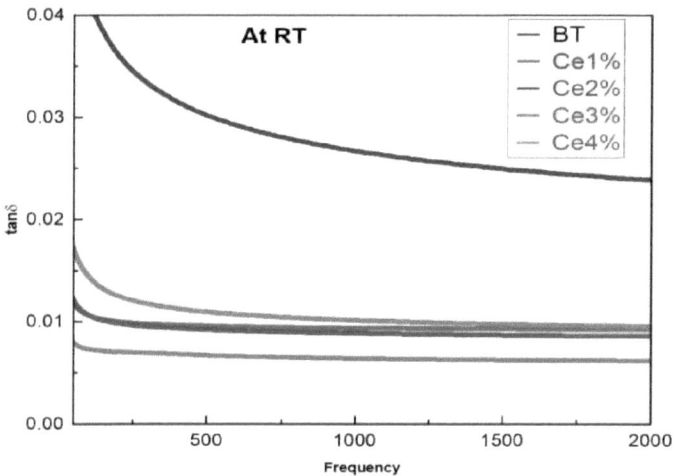

Abb. 4.8 Diagramm zwischen tanδ und Frequenz bei RT für verschiedene Dotierungskonzentrationen

Die Delta-Verluste sind bekannt für die dielektrischen Verluste in einem Material, die mit der Dissipation von Energie durch die Bewegung von Ladungen, Defekten oder dem Polarisationsprozess innerhalb des Materials verbunden sind. Die Verluste in einem Material hängen vom Frequenzbereich, der Temperatur und dem Vorhandensein des Dotierstoffs ab. Mit zunehmender Dotierungskonzentration nehmen die tanδ-Verluste ab. Die Dotierung mit Cerium kann die ferroelektrischen Eigenschaften von $BaTiO_3$ beeinflussen, wodurch es sich besser für verschiedene Anwendungen eignet. Geringere dielektrische Verluste können aus einem verbesserten ferroelektrischen Verhalten resultieren, insbesondere bei bestimmten Frequenzen und Temperaturen. Die Zugabe von Ce^{3+} Ionen reduziert die Defekte im Material und kontrolliert die dielektrischen Verluste. Im Vergleich zu reinem $BaTiO_3$ sind die Verluste in höheren Konzentrationen gering, wie in Abb. 4.8 gezeigt. Niedrige dielektrische Verluste in Kondensatoren sind äußerst wünschenswert, da sie eine effiziente Energiespeicherung und -entladung ermöglichen. Dielektrische Kondensatoren mit geringen Verlusten können elektrische Energie mit minimalen Verlusten speichern und abgeben, was sie ideal für eine Vielzahl von Anwendungen macht, wie z.B. in der Leistungselektronik und der Mikrostruktur des Materials, die die Verteilung von Fehlern und das allgemeine dielektrische Verhalten beeinflusst.

Geringere dielektrische Verluste können durch die Schaffung einer gleichmäßigeren und besser strukturierten Mikroumgebung erreicht werden. Die Kinetik des Phasenübergangs könnte durch die Dotierung mit Cerium beeinflusst werden. Der ferroelektrische Phasenübergang kann bei höheren Dotierungskonzentrationen unterdrückt oder verändert werden, wodurch die mit diesem Phasenübergang verbundenen dielektrischen Verluste verringert werden.

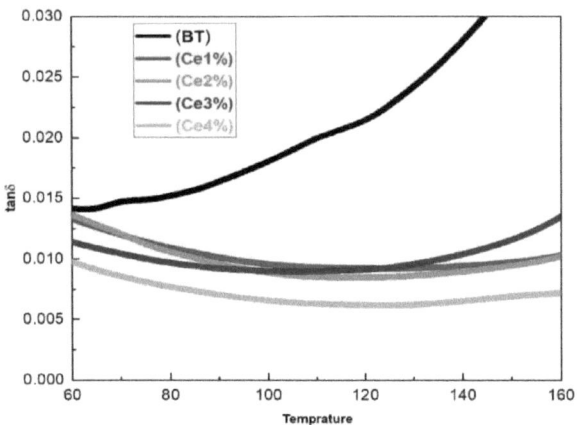

Abb. 4.9 Diagramm zwischen tanδ und Temperatur (°C) für verschiedene Dotierungskonzentrationen

Die grafische Interpretation der Dielektrizitätskonstante mit steigender Frequenz bei Raumtemperatur für verschiedene Dotierungskonzentrationen ist in Abb. 4.10 unten dargestellt. Das Verhalten der Dielektrizitätskonstante variiert mit der Frequenz für die Ce-Ionen-Konzentration. Das flache Verhalten der dielektrischen Konzentration kann auf die Einbindung der Ce^{+3} oder Ce^{+4} Ionen in das Material gemäß der Xrd-Interpretation zurückzuführen sein. Möglicherweise ist in dem Material eine andere Phase vorhanden, die die Reaktion der Dielektrizitätskonstante verändert. Die Festkörperreaktionsmethode, eine bekannte und bequeme Methode für die Synthese, könnte der Grund für diese Art von Reaktion sein, da es während des Prozesses zu einem ausreichenden Kornwachstum im Material kommt, das sehr schwer zu kontrollieren ist. Dieses Kornwachstum kann so lange fortgesetzt werden, bis es für den Prozess nicht mehr akzeptabel ist. Die Proben mit einem Ce2%- und einem Ce4%-Gehalt weisen keinen großen Unterschied im dielektrischen Wert mit der Frequenz auf.

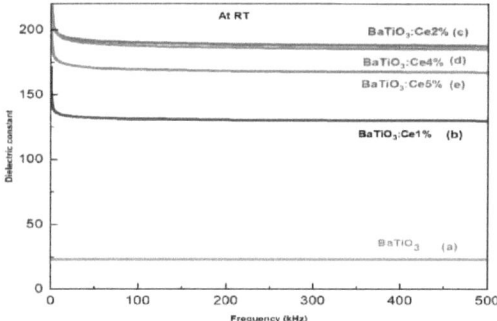

Abb. 4.10 Diagramm zwischen Dielektrizitätskonstante und Frequenz mit steigender Dotierungskonzentration bei Raumtemperatur

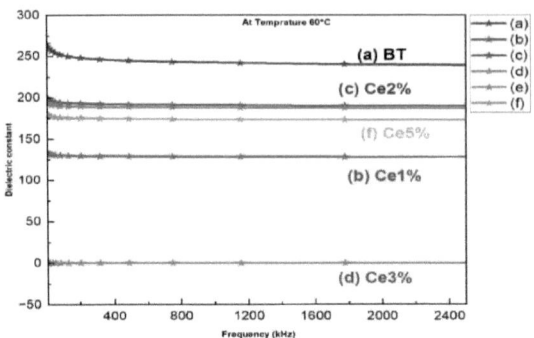

(a)

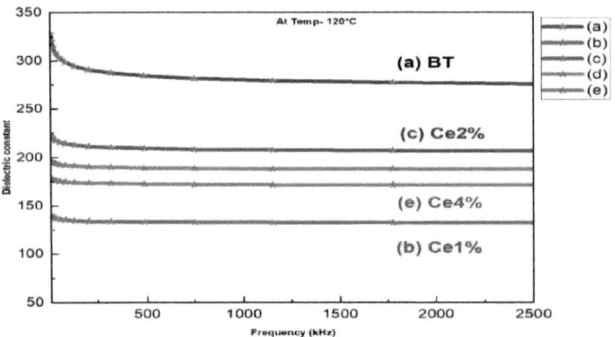

(b)

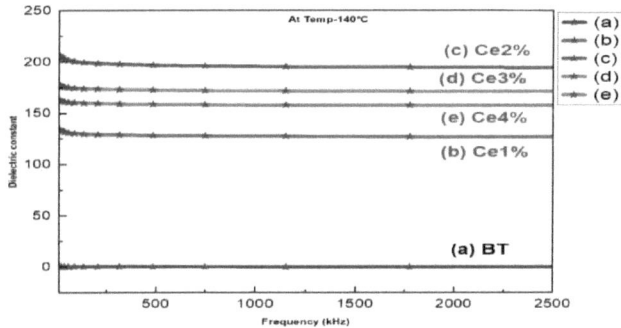

(c)

Abb. 4.11 (a, b, c) Diagramm zwischen Dielektrizitätskonstante und Frequenz bei verschiedenen Temperaturen (°C)

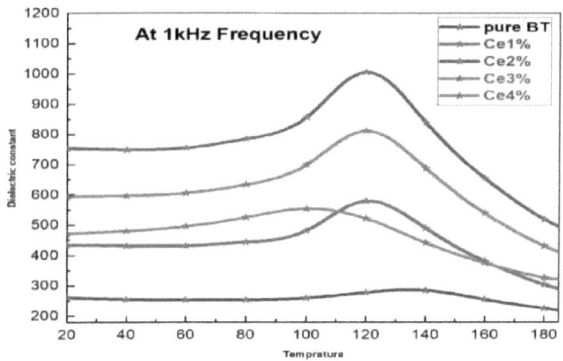

Abb. 4.12 Dielektrizitätskonstante V/s Temperatur bei 1kHz Frequenz

Abbildung 4.11 (a, b, c) zeigt die Veränderung der Dielektrizitätskonstante mit der Frequenz bei einer bestimmten Temperatur. Mit zunehmender Temperatur ändert sich die Reaktion für die einzelnen Konzentrationen. Bei einer Temperatur von 40°C und 120°C ist die Veränderung bei reinem BaTiO$_3$ vernachlässigbar. Nachdem die Temperatur einen Wert von mehr als 120°C erreicht hat, zeigt die Dotierungskonzentration eine Veränderung der Dielektrizitätskonstante und das Verhalten des Graphen ist gleichmäßig. Die gleichmäßige Reaktion des Graphen könnte auf das Vorhandensein einer höheren Menge des Dotierstoffs zurückzuführen sein. Möglicherweise sind sowohl Ce^{+3} als auch Ce^{+4} Ionen in das Material eingebaut.

Abb. 4.12 zeigt die Dielektrizitätskonstante und die Temperatur bei einer Frequenz von 1kHz für alle Konzentrationen. Der Phasenwechsel erfolgt bei reinem $BaTiO_3$ bei 137°C. Die Phasenänderung in dem Ce-dotierten $BaTiO_3$ ändert sich mit zunehmender Dotierungskonzentration. Der Phasenwechsel in Ce1%, 2% und 3% liegt zwischen 120°C und 130°C. Die Phasenveränderung ist auf die Unvollkommenheit der Kristallstruktur bei zunehmender Dotierung zurückzuführen.

4.1.6 Feldeffekt-Rasterelektronenmikroskopie von reinem und Ce-dotiertem Bariumtitanat (FESEM)

Die Morphographen aus dem FESEM der reinen und Ce-dotierten BaTiO3-Verbundproben sind in Abb. 4.13 zu sehen (a, b, c, d, e & f). Die Partikelgröße wurde anhand einer morphologischen Studie berechnet. Die anhand dieser Morphographien geschätzte Partikelgröße für reines Bariumtitanat beträgt 326,04 nm. Die Partikelgröße wurde für verschiedene Ce-Konzentrationen mit 245,51 nm, 209,41 nm, 200,92 nm, 270,47 nm bzw. 284,71 nm berechnet. Die Partikelgröße für die dotierten Proben liegt zwischen 245,51 nm und 284,71nm. Die Partikelgröße für reines Bariumtitanat war größer als die der Ce-dotierten Proben. Die Basisformel für die dotierten Proben war $Ba_{1-x}Ce_{2x/3}TiO_3$.

Tabelle 4.5 Partikelgröße für Ce-dotiertes $BaTiO_3$

S.No	Sample Composition	Particle Size (in nm)
1	$BaTiO_3$	225
2	$[Ba_{0.99}Ce_{0.0066}]TiO_3$	245.51
3	$[Ba_{0.98}Ce_{0.0133}]TiO_3$	250
4	$[Ba_{0.97}Ce_{0.0200}]TiO_3$	200.92
5	$[Ba_{0.96}Ce_{0.0266}]TiO_3$	270.47
6	$[Ba_{0.95}Ce_{0.0333}]TiO_3$	284.71

Abbildung 4.13 (a, b, c, d, e & f) zeigt die morphologische Struktur von reinem und Ce (1%, 2%,

3%, 4% & 5%) dotiertem Bariumtitanat bei einer Vergrößerung von 20k. Die Bestimmung der Partikelgröße wurde bei dieser Vergrößerung für alle Proben durchgeführt. Die Beobachtung der Morphographen zeigt, dass mit steigender Dotierungskonzentration auch das Kornwachstum in der Kristallstruktur zunimmt und eine relevante Veränderung des Kornwachstums zeigt. Die Kristallitgröße variiert von 53 bis 84 nm und die Partikelgröße variiert von 200 nm bis 300 nm. Die Berechnungen wurden unter Berücksichtigung von Partikeln jeder Größe im Nanobereich durchgeführt und die für die Berechnung verwendeten Morpho-Graphen mit unterschiedlichen Dotierungskonzentrationen waren von gleicher Vergrößerung.

Abb. 4.13 Morpho-Grafiken von Ce-dotiertem Bariumtitanat

Tabelle 4.6 Kristallitgröße und Partikelgröße bei unterschiedlichen Ce-Konzentrationen in $BaTiO_3$

S.No	Sample Composition	Crystallite Size (in nm)	Particle Size (in nm)
1	$BaTiO_3$	68.44	326.04
2	$[Ba_{0.99}Ce_{0.0066}]TiO_3$	83.50	245.51
3	$[Ba_{0.98}Ce_{0.0133}]TiO_3$	53.32	209.41
4	$[Ba_{0.97}Ce_{0.0200}]TiO_3$	77.89	200.92
5	$[Ba_{0.96}Ce_{0.0266}]TiO_3$	58.53	270.47
6	$[Ba_{0.95}Ce_{0.0333}]TiO_3$	75.44	284.71

Es besteht eine Abstimmbarkeit zwischen Partikelgröße und Dotierungskonzentration. Die REM-Histogramme werden in Abbildung 4.14 (a, b, c, d, e & f) für verschiedene Ce-Dotierungskonzentrationen dargestellt.

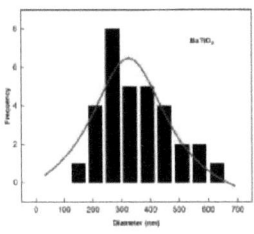

(a)

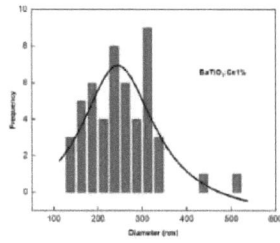

(b)

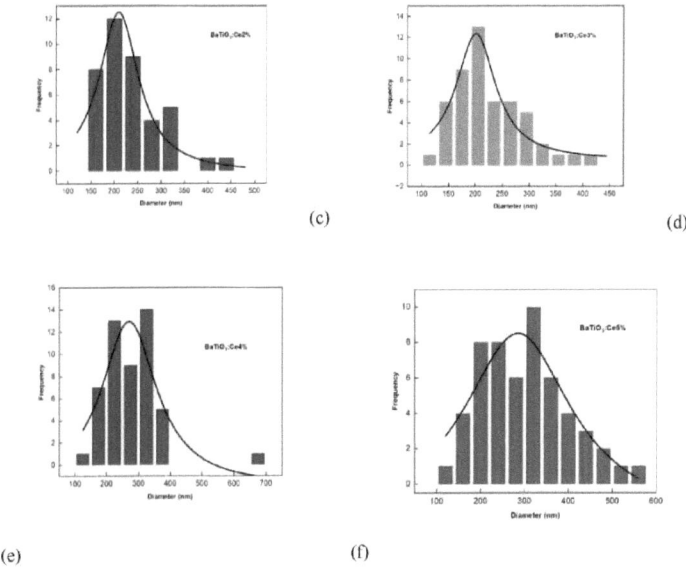

(c)　(d)

(e)　(f)

Abb. 4.14 Sem-Histogramme mit unterschiedlicher Ce-Konzentration.

EDAX (Energy Dispersive X-ray Analysis), manchmal auch als EDS (Energy Dispersive Spectroscopy) bezeichnet, ist eine Methode der Rasterelektronenmikroskopie (SEM) zur Elementanalyse von Materialien. Sie bestimmt die Zusammensetzung der Probe, indem sie charakteristische Röntgenstrahlen erkennt, die erzeugt werden, wenn die Probe von einem Elektronenstrahl aus dem REM getroffen wird. Vor der Durchführung einer EDAX-Analyse muss die Probe angemessen vorbereitet werden. Um eine Aufladung unter dem Elektronenstrahl zu vermeiden, sollte die Probe leitfähig sein oder mit einer dünnen Schicht aus leitfähigem Material bedeckt sein, wenn sie nicht leitfähig ist. Um die EDAX-Analyse zu starten, wird der Elektronenstrahl des SEM auf den interessierenden Bereich der Probe fokussiert. Die beschleunigten Elektronen interagieren mit den Atomen in der Probe und stoßen die Elektronen der inneren Schale der Atome aus. Dadurch bilden sich Leerstellen in den inneren Elektronenschalen. Abbildung 4.15(a, b, c, d, e & f) zeigt EDAX-Daten für reines und Ce-dotiertes $BaTiO_3$.

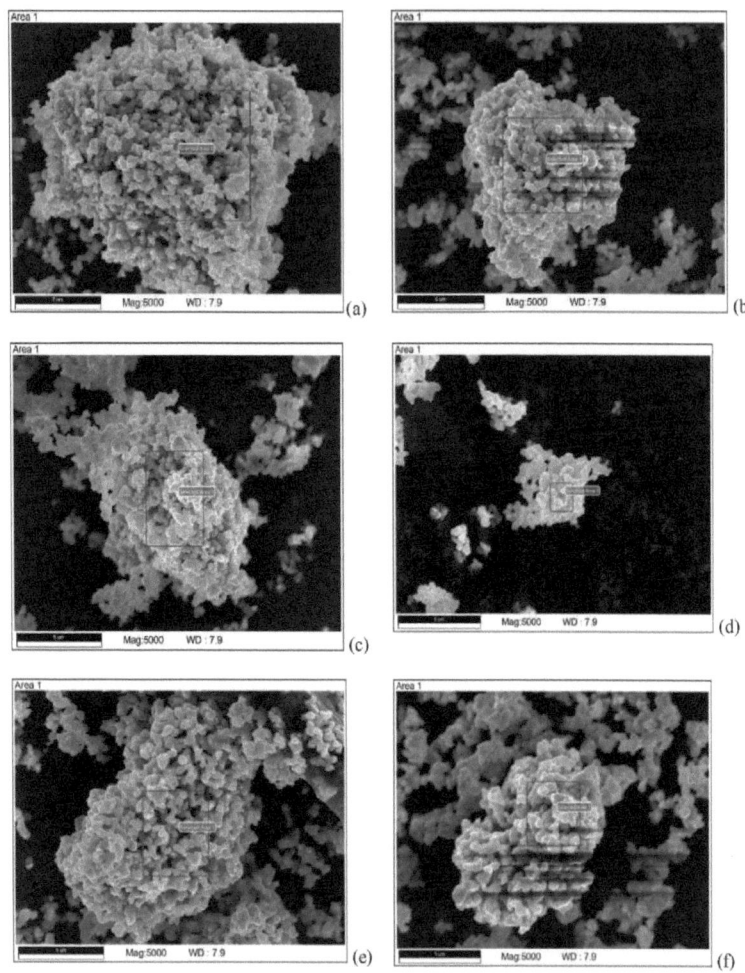

Abb. 4.15 EDAX-Daten für alle Ce-dotierten BaTiO$_3$

Abb. 4.16 Elementverteilung von BaTiO$_3$ mit unterschiedlichen Ce-Dotierungen.

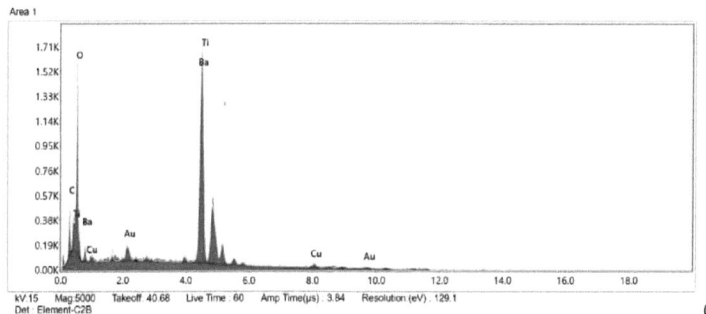

(a)

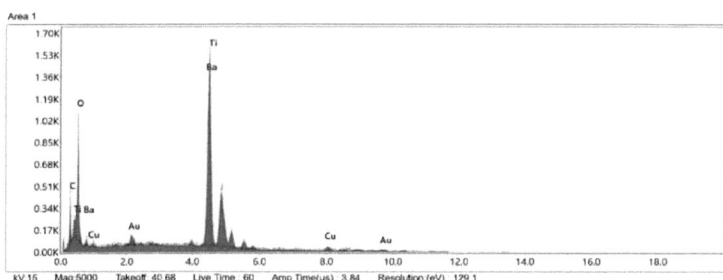

(b)

(c)

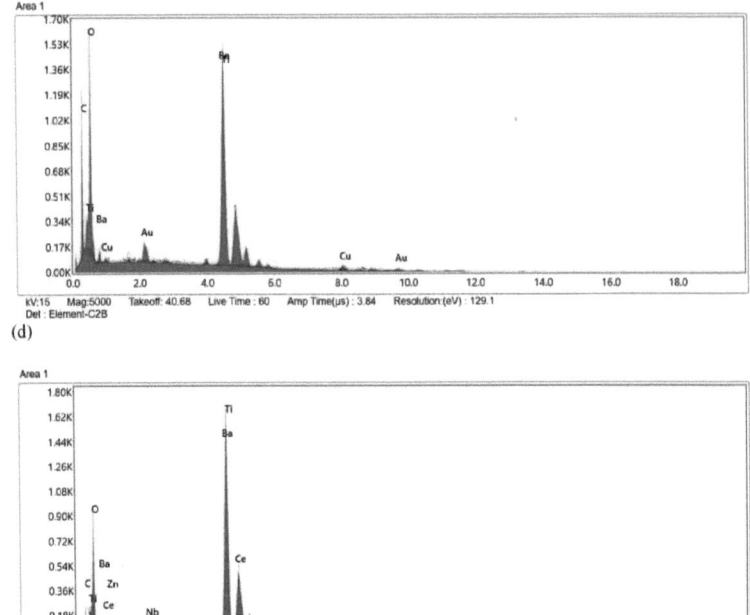

(d)

(e)

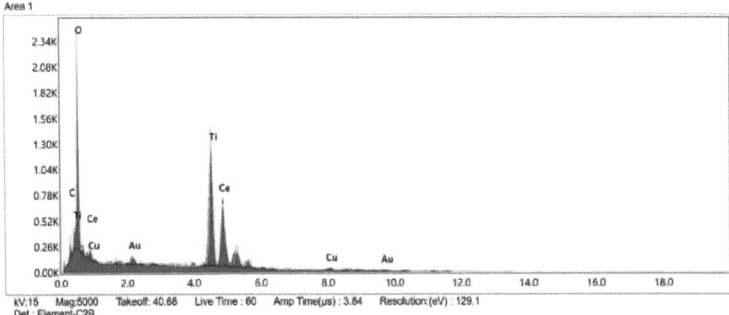

(f)

Abb. 4.16 Elementverteilung von Ce-dotiertem BaTiO$_3$

4.1.7 Transmissionselektronenmikroskopie von reinem und Ce-dotiertem Bariumtitanat (TEM)

Die Transmissionselektronenmikroskopie ist eine leistungsstarke Mikroskopietechnik, die zur Abbildung und Analyse der Mikrostruktur von Materialien mit sehr hoher Auflösung verwendet wird. Ein Transmissionselektronenmikroskop wird häufig zur Untersuchung von BaTiO3 verwendet. Mit dem TEM können Elektronen durch ein Material übertragen werden, wodurch Informationen über das Kristallgitter, Unvollkommenheiten und andere mikrostrukturelle Merkmale sichtbar werden.

TEM-Bilder von reinem BaTiO3 und Ce (1%, 2%, 3%, 4% & 5%) dotiertem BaTiO3.

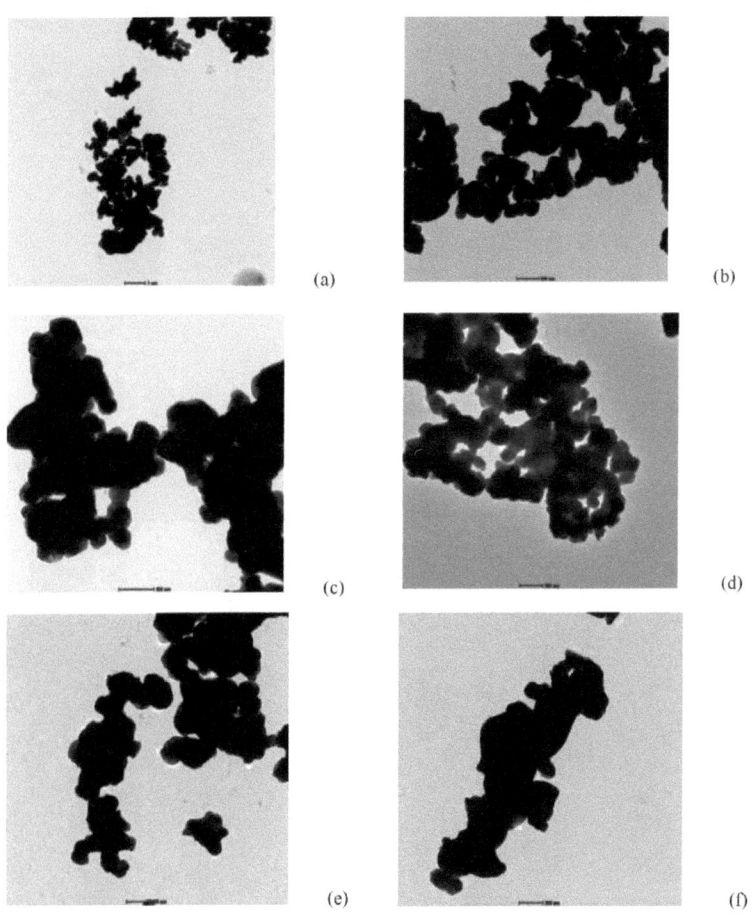

Abb. 4.17 (a, b, c, d, e, f) TEM-Bilder von Ce-dotiertem BaTiO3

EDS wird in Verbindung mit TEM zur Elementaranalyse von BaTiO3 eingesetzt. Dies kann bei der Bestimmung der chemischen Zusammensetzung verschiedener Abschnitte des Materials helfen. Die räumliche Verteilung der Elemente in der Probe kann durch eine Elementkarte wiedergefunden werden.

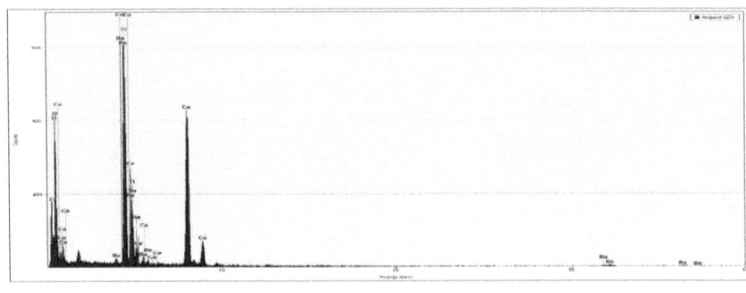

(a)

(b)

(c)

(d)

(e)

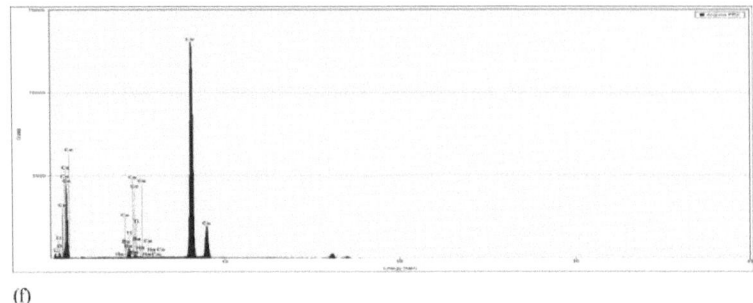

(f)

Abb. 4.18 (a-f) Elementverteilung von Ce-dotiertem BaTiO$_3$

Die Partikelgröße wurde mit der Software ImageJ berechnet und liegt für die verschiedenen Zusammensetzungen der Proben im Bereich von 51nm bis 436,50nm. Die Partikelgröße ist in Tabelle 4.7 dargestellt.

Tabelle 4.7 Mit der Transmissionselektronenmikroskopie berechnete Partikelgröße

S.No	Sample Composition	Particle Size (in nm)
1	BaTiO$_3$	198.69
2	[Ba$_{0.99}$Ce$_{0.0066}$]TiO3	270.70
3	[Ba$_{0.98}$Ce$_{0.0133}$]TiO$_3$	210.52
4	[Ba$_{0.97}$Ce$_{0.0200}$]TiO$_3$	232.17
5	[Ba$_{0.96}$Ce$_{0.0266}$]TiO$_3$	436.50
6	[Ba$_{0.95}$Ce$_{0.0333}$]TiO$_3$	51.58

Abb. 4.19 zeigt die Histogrammdiagramme zur Berechnung der Partikelgröße für die verschiedenen Zusammensetzungen der Materialien mit BaTiO3.

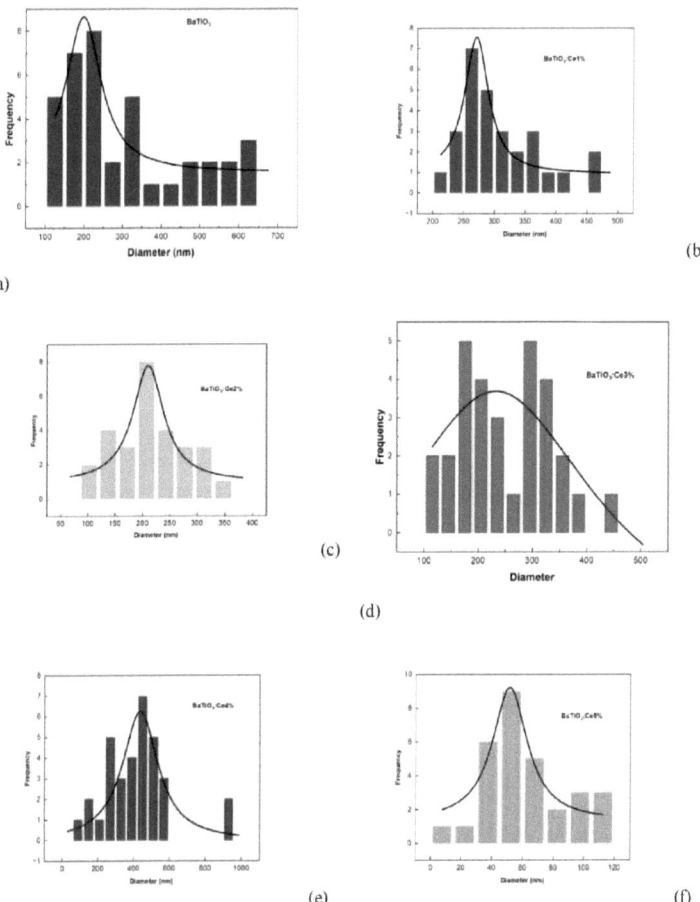

Abb. 4.19 TEM-Histogramme von Ce-dotiertem BaTiO$_3$

Kapitel 5 Schlussfolgerungen

Das Buch beschreibt die strukturellen und dielektrischen Eigenschaften von Ce-dotiertem Bariumtitanat. Bariumtitanat ist ein Mitglied der Perowskit-Familie, mit einer ABO_3 Grundstruktur. Keramiken mit dieser Art von Struktur ziehen in der Forschung, insbesondere in der Materialwissenschaft, die Aufmerksamkeit auf sich. Keramiken, die für ihre physikalischen und chemischen Eigenschaften bekannt sind, werden in einer Vielzahl von Sektoren und in der Forschung eingesetzt. Aufgrund seiner einzigartigen und außergewöhnlichen Eigenschaften steht Bariumtitanat an der Spitze einer Vielzahl von Keramiken. Bariumtitanat ist ein ferroelektrisches Material, was bedeutet, dass es eine spontane elektrische Polarisation aufweist, die durch Anlegen eines elektrischen Feldes geschaltet und gesteuert werden kann. Diese Eigenschaft wird in einer Vielzahl von elektronischen Geräten genutzt, darunter Kondensatoren, nichtflüchtige Speicher und Sensoren. Aufgrund seiner hohen Dielektrizitätskonstante ist es ein ideales Material für den Einsatz in Kondensatoren und anderen elektronischen Komponenten, die eine hohe Kapazität erfordern. Neben seinen ferroelektrischen Eigenschaften ist Bariumtitanat auch piezoelektrisch, d.h. es kann mechanische Spannung in elektrische Ladung umwandeln und umgekehrt. Diese Eigenschaft ist in einer Vielzahl von Anwendungen nützlich, darunter piezoelektrische Sensoren und Aktoren. Da Bariumtitanat nichtlineare optische Eigenschaften besitzt, eignet es sich gut für den Einsatz in optischen Geräten wie Modulatoren und Frequenzwandlern. In manchen Situationen kann Bariumtitanat multiferroisches Verhalten zeigen, d.h. es weist gleichzeitig ferroelektrische und magnetische Eigenschaften auf. Spintronische Geräte und multifunktionale Materialien können davon profitieren. Bei bestimmten Temperaturen durchläuft Bariumtitanat Phasenübergänge, die erforscht werden können, um seine Eigenschaften für verschiedene Zwecke zu klären und zu verändern. Forscher können die Eigenschaften von Bariumtitanat durch Dotierung und andere Techniken anpassen, so dass es für bestimmte Zwecke maßgeschneidert werden kann. Aufgrund ihrer vielversprechenden photovoltaischen Eigenschaften und ihrer Stabilität wurden Bariumtitanat-Perowskit-Materialien für die Verwendung in Solarzellen und photovoltaischen Geräten untersucht. Durch Dotierung, Temperaturanpassung und andere Methoden können Forscher die Eigenschaften von $BaTiO_3$ für bestimmte Anwendungen einstellen. $BaTiO_3$ ist vielseitig einsetzbar und wurde als Modellmaterial für die Untersuchung des ferroelektrischen und piezoelektrischen Verhaltens verwendet. BaTiO3 hat faszinierende optische Eigenschaften und wird in der nichtlinearen Optik zur Herstellung von Geräten wie optischen Modulatoren verwendet. Aufgrund ihrer vielversprechenden photovoltaischen Eigenschaften wurden BaTiO3-Perowskit-Materialien auch für die Verwendung in Solarzellen und photovoltaischen Geräten untersucht. Die Festkörperreaktionsmethode wurde für die Synthese von reinem Bariumtitanat und Ce-dotiertem Bariumtitanat verwendet. Die Reaktion wurde bei 1000°C durchgeführt. Die XRD-Analyse bestätigt das Vorhandensein der reinen Phase von Bariumtitanat. Ce-dotiertes Bariumtitanat wurde in reiner tetragonaler Phase beobachtet und keine andere Phase war vorhanden. Der berechnete Gitterparameter weist eine geringfügige Änderung gegenüber den zuvor ermittelten Standardforschungsergebnissen auf. Die Scherrer-Methode wurde zur Berechnung der Kristallitgröße zusammen mit dem UDM-Ansatz verwendet. Es gibt einige Abweichungen bei den Daten mit dem UDM-Ansatz. Dieses Modell geht von einer gleichmäßigen Verformung aus, um die Größe zu berechnen. Mit zunehmender Dotierungskonzentration beginnt sich die Struktur zu verformen und es kommt zu einer Verformung. Die Dehnung wurde berechnet, und es wurde festgestellt, dass sie für die meisten Werte gemäß den XRD-Berechnungen negativ ist. Die negative Dehnung deutet darauf hin, dass anstelle einer Expansion eine Kompression in der Gitterstruktur stattfindet. Diese Kompression/Schrumpfung führt zu einer Veränderung der physikalischen und chemischen Eigenschaften des Materials. Für die niedrigere Dotierungskonzentration gibt es einen leichten, schwachen Peak von Bariumorthotitanat bei einem 2θ-Wert von 28,5°. Für die höhere Konzentration wurde das Vorhandensein von Ce-Ionen im Material durch XRD und FTIR bestätigt. Ce-dotiertes Bariumtitanat zeigt eine Abstimmbarkeit der Bandlücke mit zunehmender Dotierungsmenge. Diese Abstimmbarkeit kann für bestimmte optoelektronische Geräte oder die Komponenten der elektronischen Geräte, die für die empfindliche Wellenlänge verwendet werden, genutzt werden. Die thermische Analyse von reinem Bariumtitanat wurde durchgeführt. Der Gewichtsverlust nach dem erfolgreichen Abschluss der Reaktion ist vernachlässigbar und die Reaktion erreicht eine Stabilität bei 950°C. Die FESEM-Ergebnisse bestätigen das Vorhandensein vieler Kristallite mit zunehmendem Dotierungsfaktor. Die hochauflösende Transmissionselektronenmikroskopie wurde für die Untersuchung der inneren Struktur und der Eigenschaften herangezogen. Die Übertragung von Elektronen durch eine dünne Probe ist die Grundlage der TEM. Ein hochenergetischer Elektronenstrahl wird auf die Probe fokussiert, und wenn die Elektronen durch die Probe wandern, interagieren sie mit den Atomen in der Probe und streuen. Die transportierten Elektronen werden dann detektiert, und ihre Wechselwirkungen mit dem Material werden zur Erstellung eines Bildes verwendet. Da die TEM über eine so hohe Auflösung verfügt, können Forscher Strukturen und Merkmale im atomaren und Nanometerbereich erkennen. Daher ist es ein nützliches Instrument zur Untersuchung von Nanomaterialien, Nanopartikeln, biologischen Proben und einer Vielzahl anderer Materialien. Hellfeld-Bildgebung (zur Darstellung von Dicken- und Dichteunterschieden), Dunkelfeld-Bildgebung (zur Verstärkung des Kontrasts und zur Darstellung von Fehlern) und hochauflösende Bildgebung (für eine Auflösung auf atomarer Ebene) sind alles Bildgebungsmodi, die das TEM verwenden kann. Die dielektrischen Messungen geben einen tiefen Einblick in die Dielektrizitätskonstante. Der Wert variiert mit der Temperatur und der Frequenz in Abhängigkeit von der Dotierungskonzentration. Bei Raumtemperatur ist die Variation für verschiedene Dotierungskonzentrationen nicht sehr groß, sie ist bei allen Proben ähnlich.

Kapitel-6 Anwendungen

Ce-dotiertes Bariumtitanat (BaTiO$_3$) besitzt faszinierende Eigenschaften, die es für eine Vielzahl von Anwendungen, wie zum Beispiel magnetische Sensoren, geeignet machen. Magnetfeldsensoren, die auf dem magnetoelektrischen Effekt basieren, können mit Ce-dotiertem BaTiO3 hergestellt werden. Die Kopplung von magnetischen und elektrischen Eigenschaften ist als magnetoelektrischer Effekt bekannt und ermöglicht es einem Material, Veränderungen im Magnetfeld in elektrische Impulse umzuwandeln, was es für den Einsatz in Sensoranwendungen geeignet macht. Aufgrund seiner magnetoelektrischen Eigenschaften könnte Ce-dotiertes BaTiO$_3$ in magnetischen Speichersystemen Anwendung finden. Dies könnte zur Entwicklung neuer Speichertechnologien führen, die elektrische und magnetische Eigenschaften zur Datenspeicherung kombinieren. Ce-dotiertes BaTiO3 könnte in Anwendungen wie Magnetresonanztomographen (MRI) von Nutzen sein, wo es entscheidend ist, Magnetfelder zu erkennen oder magnetische Anomalien in verschiedenen Materialien oder Strukturen zu identifizieren. Ce-dotiertes BaTiO3 könnte auch in der Spintronik Anwendung finden, einem Forschungsgebiet, das sich mit der Manipulation von Elektronenspins zusätzlich zu ihrer Ladung beschäftigt. Dieser Bereich hat das Potenzial, neue Arten von elektronischen Geräten zu entwickeln, die eine höhere Funktionalität aufweisen und weniger Energie benötigen.

Aufgrund seiner piezoelektrischen Eigenschaften ist Ce-dotiertes Bariumtitanat ein vielversprechendes Material für den Einsatz in Drucksensoren. Ce:BaTiO3 kann als Sensorelement in Drucksensoren verwendet werden, da es eine elektrische Ladung erzeugt, wenn es mechanischer Belastung oder Druck ausgesetzt wird. Der piezoelektrische Effekt von Ce:BaTiO3 kann in verschiedenen Drucksensoranwendungen genutzt werden, einschließlich taktiler Sensoren, bei denen die erzeugte elektrische Ladung variiert, wenn Druck ausgeübt wird und der Sensor sich verformt. Anwendungen für Drucksensoren werden durch die Messung und Korrelation dieser Ladungsveränderung mit dem ausgeübten Druck ermöglicht. Ce:BaTiO3 arbeitet als dielektrische Schicht zwischen zwei leitenden Platten in kapazitiven Drucksensoren, einer weiteren Anwendung für das Material. Druck kann durch die Veränderung der Kapazität, die durch eine Veränderung des Abstands zwischen den Platten bei Druckeinwirkung entsteht, erfasst und gemessen werden. Insgesamt machen die piezoelektrischen Eigenschaften von Ce:BaTiO3 dieses Material zu einem geeigneten Werkstoff für Drucksensoranwendungen, da sie eine hohe Zuverlässigkeit und Empfindlichkeit bei der Überwachung von Druckänderungen bieten. Aufgrund seiner ferroelektrischen Eigenschaften ist die Polarisation von Bariumtitanat temperaturempfindlich. Dieser Effekt kann durch die Dotierung mit Cerium verstärkt werden, wodurch die Empfindlichkeit gegenüber

Temperaturschwankungen erhöht wird. Die ferroelektrischen Eigenschaften von Bariumtitanat verschwinden bei einer hohen Curie-Temperatur. Es kann daher unter einer Vielzahl von Temperaturbedingungen verwendet werden.

Cerium kann die elektrischen Eigenschaften von Bariumtitanat verändern und so seine Eignung für sensorische Anwendungen verbessern. Die chemische Stabilität von Bariumtitanat ist entscheidend für die langfristige Zuverlässigkeit von Überwachungsgeräten. Durch die Integration von Bariumtitanat in elektronische Schaltungen können kompakte Temperaturüberwachungsgeräte geschaffen werden. Ce-dotiertes Bariumtitanat hat eine gute Empfindlichkeit, Stabilität und Kompatibilität mit elektronischen Systemen, was es insgesamt zu einem potenziellen Material für Temperaturüberwachungsgeräte macht.

Referenzen

1. Aghayan, M., Khorsand Zak, A., Behdani, M., & Manaf Hashim, A. (2014). Sol-Gel Verbrennungssynthese von Zr-dotierten BaTiO 3-Nanopulvern und Keramiken: Dielektrische und ferroelektrische Studien. *Ceramics International, 40*(10), 16141-16146. https://doi.org/10.1016Zi.ceramint.2014.07.045

2. Altomare, A., Corriero, N., Cuocci, C., Falcicchio, A., Moliterni, A., & Rizzi, R. (2015). *QUALX2.0:* Eine Software zur qualitativen Phasenanalyse unter Verwendung der frei verfügbaren Datenbank POW_COD. *Zeitschrift für angewandte Kristallographie, 48(2),* 598-603. https://doi.org/10.1107/S1600576715002319

3. Altomare, A., Cuocci, C., Giacovazzo, C., Moliterni, A., Rizzi, R., Corriero, N., & Falcicchio, A. (2013). *EXPO2013:* Ein Baukasten von Werkzeugen zur Phasenbestimmung von Kristallstrukturen aus Pulverdaten. *Journal of Applied Crystallography, 46*(4), 1231-1235. https://doi.org/10.1107/S0021889813013113

4. Ang, C., Yu, Z., Jing, Z., Guo, R., Bhalla, A. S., & Cross, L. E. (2002). Piezoelektrisches und elektrostriktives Verformungsverhalten von Ce-dotierten BaTiO3-Keramiken. *Applied Physics Letters*, *80*(18), 3424-3426. https://doi.org/10.1063/1.1473871

5. Armstrong, T. R., Morgens, L. E., Maurice, A. K., & Buchanan, R. C. (1989). Auswirkungen von Zirkoniumdioxid auf die Mikrostruktur und die dielektrischen Eigenschaften von Bariumtitanat-Keramik. *Journal of the American Ceramic Society, 72*(4), 605-611. https://doi.org/10.1111/j.1151-2916.1989.tb06182.x

6. Balzar, D., & Ledbetter, H. (1993). Voigt-Funktionsmodellierung in der Fourier-Analyse von größen- und dehnungsverbreiterten Röntgenbeugungspeaks. *Journal of Applied Crystallography, 26*(1), 97-103. https://doi.org/10.1107/S0021889892008987

7. Bhargavi, G. N., Khare, A., Badapanda, T., Ray, P. K., & Brahme, N. (2018). Einfluss der Eu-Dotierung auf das strukturelle, elektrische und optische Verhalten von Barium-Zirkonium-Titanat-Keramik. *Ceramics International*, *44*(2), 1817-1825. https://doi.org/10.1016/j.ceramint.2017.10.116

8. Curecheriu, L. P., Deluca, M., Mocanu, Z. V., Pop, M. V, Nica, V, Horchidan, N., Buscaglia,
   M. T., Buscaglia, V, Van Bael, M., Hardy, A., & Mitoseriu, L. (2013). Untersuchung des ferroelektrischen-Relaxor-Übergangs in Ce-dotierter BaTiO$_3$ Keramik durch Impedanzspektroskopie und Raman-Studie. *Phase Transitions, 86(7),* 703-714.

https://doi.org/10.1080/014H594.2012.726730

9. Das, R., Nath, S. S., & Bhattacharjee, R. (2010). Herstellung von linolsäureverkappten Goldnanopartikeln und deren Spektren. *Physica E: Niedrigdimensionale Systeme und Nanostrukturen, 43*(1), 224-227.
https://doi.org/10.1016/j.physe.2010.07.008

10. De, M., & Gupta, S. P. S. (1984). Untersuchungen von Gitterfehlern in polykristallinen Materialien durch
Analyse von Röntgenbeugungslinienprofilen. *Pramana, 23*(6), 721-744.
https://doi.org/10.1007/BF02894766

11. Delhez, R., De Keijser, Th. H., & Mittemeijer, E. J. (1982). Bestimmung von Kristallitgröße und Gitterverzerrungen durch Röntgenbeugungslinienprofilanalyse: Vorschriften, Methoden und Bemerkungen. *Fresenius' Zeitschrift Für Analytische Chemie, 312*(1), 1-16.
https://doi.org/10.1007/BF00482725

12. Dey, P. C., & Das, R. (2018). Einfluss der Silberdotierung auf die elastischen Eigenschaften von CdS-Nanopartikeln. *Indian Journal of Physics, 92*(9), 1099-1108.
https://doi.org/10.1007/s12648-018-1214-4

13. Garbarz-Glos, B., Bormanis, K., & Sitko, D. (2011). Auswirkung der Zr^{4+} Dotierung auf die elektrische
Eigenschaften von $BaTiO_3$ Keramiken. *Ferroelectrics, 417*(1), 118-123.
https://doi.org/10.1080/00150193.2011.578508

14. Hwang, J. H., & Han, Y. H. (2004). Elektrische Eigenschaften von Cerium-dotiertem BaTiO3. *Journal of the American Ceramic Society, 84*(8), 1750-1754.
https://doi.org/10.1111/j.1151-2916.2001.tb00910.x

15. Hwang, J. H., & Han, Y. H. (2004). Elektrische Eigenschaften von Cerium-dotiertem BaTiO3. *Journal of the American Ceramic Society, 84*(8), 1750-1754.
https://doi.org/10.1111/j.1151-2916.2001.tb00910.x

16. Jing, Z., Yu, Z., & Ang, C. (n.d.). *Kristalline Struktur und dielektrische Eigenschaften von Ba(Ti1 y Cey)O3.*

17. Katiyar *, R. S., Dixit, A., Majumder, S. B., & Bhalla, A. S. (2005). Effect of Zr Substitution for Ti on the Dielectric and Ferroelectric Properties of Barium Titanate Thin Films. *Integrierte Ferroelektrika, 70(1),* 45-59.
https://doi.org/10.1080/10584580590926666

18. Khirade, P. P., Raut, A. V, Alange, R. C., Barde, W. S., & Chavan, A. R. (2021). Strukturell, Elektrische und dielektrische Untersuchungen von Cer-dotierter Bariumzirkonat (BaZrO3) Nano-Keramik, hergestellt durch grüne Synthese: Wahrscheinliche Kandidaten für Festoxid-

Brennstoffzellen und Mikrowellenanwendungen. *Physica B: Kondensierte Materie, 613,* 412948.

https://doi.org/10.1016/j.physb.2021.412948

19. Mahajan, S., Thakur, O. P., Bhattacharya, D. K., & Sreenivas, K. (2009). Studie über strukturelle und elektrische Eigenschaften von konventionellem Ofen und mikrowellengesintertem $BaZr_{0.10}Ti_{0.9}oO_3$ Keramiken. *Zeitschrift der Amerikanischen Keramischen Gesellschaft, 92*(2), 416-423.

https://doi.org/10.1111/j.1551-2916.2008.02885.x

20. Rahman, S. N., Khatun, N., Islam, S., & Ahmed, N. A. (2014). *International Journal of Emerging Technologies in Computational and Applied Sciences (IJETCAS)* www.iasir.net.

21. Rahman, S. N., Khatun, N., Islam, S., & Ahmed, N. A. (2014). *International Journal of Emerging Technologies in Computational and Applied Sciences (IJETCAS)* www.iasir.net.

22. Sagar, R., Madolappa, S., & Raibagkar, R. L. (2011). Diffuser Phasenübergang und pyroelektrisches Verhalten von Cerium dotiertem $Ba(Zr_{0.52}Ti_{0.48})O_3$. *Ferroelectrics Letters Section, 35*(4-6), 128-133.

https://doi.org/10.1080/07315171.2011.623611

23. Sateesh, P., Omprakash, J., Kumar, G. S., & Prasad, G. (2015). Untersuchungen des Phasenübergangs und des Impedanzverhaltens von $Ba(Zr,Ti)O_3$ Keramiken. *Journal of Advanced Dielectrics, 05*(01), 1550002.

https://doi.org/10.1142/S2010135X15500022

24. Sawangwan, N., Barrel, J., MacKenzie, K., & Tunkasiri, T (2008). Der Einfluss des Zr-Gehalts auf die elektrischen Eigenschaften von $Ba(Ti_{1-x}Zr_x)O_3$-Keramiken. *Applied Physics A, 90*(4), 723-727. https://doi.org/10.1007/s00339-007-4342-9

25. Su, J., & Zhang, J. (2019). Neue Entwicklungen bei der Modifizierung von synthetisiertem Bariumtitanat ($BaTiO_3$) und dielektrischen Polymer/$BaTiO_3$-Kompositen. *Journal of Materials Science: Materials in Electronics, 30*(3), 1957-1975.

https://doi.org/10.1007/s10854-018-0494-y

26. Sumit Sarkar, R. D. (n.d.). *Bestimmung der intrinsischen Dehnung in Poly(vinylpyrrolidon)-gekappten Silber-Nano-Hexapoden mit Hilfe der Röntgenbeugungstechnik.*

27. Tagliente, M. A., & Massaro, M. (2008). Strain-driven (002) preferred orientation of ZnO nanoparticles in ion-implanted silica. *Nuclear Instruments and Methods in Physics Research Section B: Beam Interactions with Materials and Atoms, 266*(7), 1055-1061.

https://doi.org/10.1016/j.nimb.2008.02.036

28. Thakur, O. P., Prakash, C., & James, A. R. (2009). Verbesserte dielektrische Eigenschaften

in modifizierter Bariumtitanat-Keramik durch verbesserte Verarbeitung. *Journal of Alloys and Compounds*, *470(1-2)*, 548-551.

https://doi.org/10.1016/j.jallcom.2008.03.018

29. Venkatalaxmi, A., Padmavathi, B. S., & Amaranath, T (2004). Eine allgemeine Lösung für instationäre

    Stokes-Gleichungen. *Fluid Dynamics Research, 35*(3), 229-236.

    https://doi.org/10.1016/j.fluiddyn.2004.06.001

30. Wang, X., Jiang, X., Nie, X., Huang, X., Chen, C., Wang, J., Xu, J., & Huang, L. (2021). Piezoelektrische Eigenschaften von Cer-dotierten Bismut-Barium-Titanat-Zwischenschichtkeramiken. *Verarbeitung und Anwendung von Keramiken, 15*(2), 120-127.

    https://doi.org/10.2298/PAC2102120W

31. Warren, B. E., & Averbach, B. L. (1952). The Separation of Cold-Work Distortion and Particle Size Broadening in X-Ray Patterns. *Journal of Applied Physics*, *23*(4), 497-497.

    https://doi.org/10.1063Z1.1702234

32. Weber, U., Greuel, G., Boettger, U., Weber, S., Hennings, D., & Waser, R. (2001). Dielektrische Eigenschaften von Ferroelektrika auf Ba(Zr,Ti)O$_3$ -Basis für Kondensatoranwendungen. *Journal of the American Ceramic Society, 84*(4), 759-766.

    https://doi.org/10.1111/j.1151-2916.2001.tb00738.x

33. Xu, Q., & Li, Z. (2020). Dielektrisches und ferroelektrisches Verhalten von Zr-dotiertem BaTiO3

    Perowskite. *Processing and Application of Ceramics, 14(3)*, 188-194.

    https^doi.org/10.2298/PAC2003188X

34. Yue, H., Fang, K., Chen, T., Jing, Q., Guo, K., Liu, Z., Xie, B., Mao, P., Lu, J., Tay, F. E. H., Tan, I., & Yao, K. (2023). First-Principle Study on Correlate Structural, Electronic and Optical Properties of Ce-Doped BaTiO3. *Crystals*, *13*(2), 255.

    https://doi.org/10.3390/cryst13020255

35. Zagorny, M., Ivanchuk, A., Zhygotsky, A., Pidsosonnyi, V., & Ragulya, A. (2014). *Herstellung und Charakterisierung von zirkoniumdotierten Bariumtitanatfilmen durch elektrophoretische Abscheidung.*

36. Adak, M. K., Mondal, D., Mondal, S., Kar, S., Mahato, S. J., Mahato, U., Gorai, U. R., Ghorai, U. K., & Dhak, D. (2020). Ferroelektrisches und photokatalytisches Verhalten von Mn- und Ce-dotierten BaTiO3-Nanokeramiken, hergestellt auf chemischem Weg. *Materials Science and Engineering: B, 262,* 114800.

    https://doi.org/10.1016/j.mseb.2020.114800

37. Alay-e-Abbas, S. M., Javed, F., Abbas, G., Amin, N., & Laref, A. (2019). Density Functional

Theory Evaluation of Ceramics Suitable for Hybrid Advanced Oxidation Processes: A Case Study for Ce^{4+} -Doped $BaZrO_3$. *The Journal of Physical Chemistry C, 123(10)*, 6044-6053. https://doi.org/10.1021/acs.jpcc.8b12221

38. Batoo, K. M., Verma, R., Chauhan, A., Kumar, R., Hadi, M., Aldossary, O. M., & Al-Douri, Y (2021). Verbesserte dielektrische Eigenschaften von Gd3+- und Nb5+-codotierten Bariumtitanat-Keramiken bei Raumtemperatur. *Journal of Alloys and Compounds, 883*, 160836. https://doi.org/10.1016/j.jallcom.2021.160836

39. Bijalwan, V., Tofel, P., & Holcman, V (2018). Korngrößenabhängigkeit der Mikrostrukturen und funktionelle Eigenschaften von $(Ba_{0.85} Ca_{0.15-x} Ce_x)(Zr_{0.1} Ti_{0.9})O_3$ bleifreier piezoelektrischer Keramik. *Zeitschrift der Asiatischen Keramischen Gesellschaften, 6*(4), 384-393.
https://doi.org/10.1080/21870764.2018.1539211

40. Canu, G., Confalonieri, G., Deluca, M., Curecheriu, L., Buscaglia, M. T., Asandulesa, M., Horchidan, N., Dapiaggi, M., Mitoseriu, L., & Buscaglia, V (2018). Struktur-Eigenschafts-Korrelationen und Ursprung des Relaxorverhaltens in $BaCe_xTi_{1-x}O_3$. *Acta Materialia, 152*, 258268. https://doi.org/10.1016/j.actamat.2018.04.038

41. Curecheriu, L. P., Deluca, M., Mocanu, Z. V., Pop, M. V, Nica, V, Horchidan, N., Buscaglia, M. T., Buscaglia, V, Van Bael, M., Hardy, A., & Mitoseriu, L. (2013). Untersuchung des ferroelektrischen-Relaxor-Übergangs in Ce-dotierter $BaTiO_3$-Keramik durch Impedanzspektroskopie und Raman-Studie. *Phase Transitions, 86*(7), 703-714.
https://doi.org/10.1080/01411594.2012.726730

42. Dey, P. C., & Das, R. (2018). Einfluss der Silberdotierung auf die elastischen Eigenschaften von CdS-Nanopartikeln. *Indian Journal of Physics, 92*(9), 1099-1108.
https://doi.org/10.1007/s12648-018-1214-4

43. Dobal, P., Dixit, A., Katiyar, R. S., & Bhalla, A. S. (2001). *Raman-Studie der Überlappung von Phasenübergängen in **Zr-dotierter** Bariumtitanat-Keramik* (C. S. Lynch, Ed.; p. 111). https://doi.org/10.1117/12.432747

44. Ezealigo, B. N., Orrù, R., Torre, F., Ricci, P. C., Delogu, F., & Cao, G. (2020). Annealing effects on the structural and optical properties of undoped and Zr-doped Ba titanate prepared by self-propagating high temperature synthesis. *Ceramics International, 46*(11), 1730717314. https://doi.org/10.1016/j.ceramint.2020.04.019

45. Garbarz-Glos, B., Bormanis, K., & Sitko, D. (2011). Wirkung der Zr^{4+} Dotierung auf die elektrische
Eigenschaften von $BaTiO_3$ Keramiken. *Ferroelectrics, 417*(1), 118-123.
https://doi.org/10.1080/00150193.2011.578508

46. Gdula-Kasica, K., Mielewczyk-Gryn, A., Lendze, T., Molin, S., Kusz, B., & Gazda, M. (2010). Synthese von Akzeptor-dotierten Ba-Ce-Zr-O Perowskiten. *Kristallforschung und Technologie, 45*(12), 1251-1257.
https://doi.org/10.1002/crat.201000380

47. Gdula-Kasica, K., Mielewczyk-Gryn, A., Lendze, T., Molin, S., Kusz, B., & Gazda, M. (2010). Synthese von Akzeptor-dotierten Ba-Ce-Zr-O Perowskiten. *Kristallforschung und Technologie, 45*(12), 1251-1257.
https://doi.org/10.1002/crat.201000380

48. Han, D., Wang, C., Lu, D., Hussain, F., Wang, D., & Meng, F. (2020). Eine temperaturstabile (Ba1-Ce)(Ti1-/2Mg/2)O3 bleifreie Keramik für X4D-Kondensatoren. *Journal of Alloys and Compounds, 821,* 153480.
https://doi.org/10.1016/j.jallcom.2019.153480

49. Ianculescu, A.-C., Vasilescu, C.-A., Trupina, L., Vasile, B. S., Trusca, R., Cernea, M., Pintilie, L., & Nicoara, A. (2016). Eigenschaften von Ce3+-dotierten Bariumtitanat-Nanoshell-Röhren, die durch schablonenvermittelte kolloidale Chemie hergestellt wurden. *Journal of the European Ceramic Society, 36(7),* 1633-1642.
https://doi.org/10.1016/j.jeurceramsoc.2016.01.045

50. Kheyrdan, A., Abdizadeh, H., Shakeri, A., & Golobostanfard, M. R. (2018). Strukturelle, elektrische und optische Eigenschaften von Sol-Gel-abgeleiteten zirkoniumdotierten Bariumtitanat-Dünnschichten auf transparenten leitfähigen Substraten. *Journal of **Sol-Gel** Science and Technology*, *86*(1), 141-150.
https://doi.org/10.1007/s 10971 -018-4610-5

51. Khirade, P. P., Raut, A. V, Alange, R. C., Barde, W. S., & Chavan, A. R. (2021). Strukturell, Elektrische und dielektrische Untersuchungen von Cer-dotierter Bariumzirkonat (BaZrO3) Nano-Keramik, hergestellt durch grüne Synthese: Wahrscheinliche Kandidaten für Festoxid-Brennstoffzellen und Mikrowellenanwendungen. *Physica B: Kondensierte Materie, 613,* 412948.
https://doi.org/10.1016/j.physb.2021.412948

52. Li, Y. M., & Bian, J. J. (2020). Auswirkungen der Reoxidation auf das Dielektrikum und die Energiespeicherung
Eigenschaften von Ce-dotierten (Ba,Sr)TiO3-Keramiken, die durch Heißpresssintern hergestellt wurden. *Zeitschrift der Europäischen Keramischen Gesellschaft, 40*(15), 5441-5449.
https://doi.org/10.1016/j.jeurceramsoc.2020.06.076

53. Liu, S., Xie, Q., Zhang, L., Zhao, Y., Wang, X., Mao, P., Wang, J., & Lou, X. (2018).

Abstimmbar elektrokalorisches und energiespeicherndes Verhalten in der Ce, Mn hybrid dotierten BaTiO3-Keramik. *Zeitschrift der Europäischen Keramischen Gesellschaft, 38*(14), 4664-4669. https://doi.org/10.1016/j.jeurceramsoc.2018.06.020

54. Lu, D.-Y. (2015). Selbsteinstellende Platzbesetzungen zwischen Ba-site Tb3+ und Ti-site Tb4+ Ionen in Terbium-dotierten Bariumtitanat-Keramiken. *Solid State Ionics, 276,* 98-106. https://doi.org/10.1016/j.ssi.2015.04.004

55. Lu, D.-Y., Gao, X.-L., & Wang, S. (2019). Abnormale Curie-Temperaturverschiebung in Ho-dotierten BaTiO3-Keramiken mit Selbstkompensationsmodus. *Results in Physics, 12,* 585-591. https://doi.org/10.1016/j.rinp.2018.11.094

56. Rahman, S. N., Khatun, N., Islam, S., & Ahmed, N. A. (2014). *International Journal of Emerging Technologies in Computational and Applied Sciences (IJETCAS)* www.iasir.net.

57. Reda, M., El-Dek, S. I., & Arman, M. M. (2022). Verbesserung der ferroelektrischen Eigenschaften durch Zr-Dotierung in Bariumtitanat-Nanopartikeln. *Journal of Materials Science: Materials in Electronics, 33*(21), 16753-16776. https://doi.org/10.1007/s10854-022-08541-x

58. Sagar, R., Madolappa, S., & Raibagkar, R. L. (2011). Diffuser Phasenübergang und pyroelektrisches Verhalten von Cerium dotiertem $Ba(Zr_{0,52}Ti_{0,48})O_3$. *Ferroelectrics Letters Section, 38*(4-6), 128-133. https://doi.org/10.1080/07315171.2011.623611

59. Su, J., & Zhang, J. (2019). Neue Entwicklungen bei der Modifizierung von synthetisiertem Bariumtitanat (BaTiO3) und dielektrischen Polymer/BaTiO3-Kompositen. *Journal of Materials Science: Materials in Electronics, 30*(3), 1957-1975. https://doi.org/10.1007/s10854-018-0494-y

60. Tagliente, M. A., & Massaro, M. (2008). Strain-driven (002) preferred orientation of ZnO nanoparticles in ion-implanted silica. *Nuclear Instruments and Methods in Physics Research Section B: Beam Interactions with Materials and Atoms, 266*(7), 1055-1061. https://doi.org/10.1016/j.nimb.2008.02.036

61. Tang, X. G., Wang, J., Wang, X. X., & Chan, H. L. W. (2004). Auswirkungen der Korngröße auf die dielektrischen Eigenschaften und Tunabilitäten von Sol-Gel-abgeleiteten Ba(Zr0.2Ti0.8)O3-Keramiken. *Solid State Communications, 131*(3-4), 163-168. https://doi.org/10.1016/j.ssc.2004.05.016

62. Weber, U., Greuel, G., Boettger, U., Weber, S., Hennings, D., & Waser, R. (2001). Dielektrische Eigenschaften von Ferroelektrika auf $Ba(Zr,Ti)O_3$-Basis für

Kondensatoranwendungen. *Journal of the American Ceramic Society, 84*(4), 759-766. https://doi.org/10.1111/j.1151-2916.2001.tb00738.x

63. Yue, H., Fang, K., Chen, T., Jing, Q., Guo, K., Liu, Z., Xie, B., Mao, P., Lu, J., Tay, F. E. H., Tan, I., & Yao, K. (2023). First-Principle Study on Correlate Structural, Electronic and Optical Properties of Ce-Doped BaTiO3. *Crystals, 13*(2), 255. https://doi.org/10.3390/cryst13020255

I want morebooks!

Buy your books fast and straightforward online - at one of world's fastest growing online book stores! Environmentally sound due to Print-on-Demand technologies.

Buy your books online at
www.morebooks.shop

Kaufen Sie Ihre Bücher schnell und unkompliziert online – auf einer der am schnellsten wachsenden Buchhandelsplattformen weltweit! Dank Print-On-Demand umwelt- und ressourcenschonend produziert.

Bücher schneller online kaufen
www.morebooks.shop

info@omniscriptum.com
www.omniscriptum.com

Printed by Books on Demand GmbH, Norderstedt / Germany